Nombres fléchés Intermédiaire Vol.1

Nombres fléchés Intermédiaire Vol.1

Edition papier Juin 2020

Nombres fléchés
Intermédiaire Vol.1

ÉDITIONS DUCOURT

Table des matières

Comment jouer

L'objectif des nombres fléchés est de remplir les cases vides avec des chiffres entre 1 et 9 de sorte que la somme soit égale au nombre indiqué, et que la somme ne contienne pas deux fois le même chiffre.

Exemple

	16	8	
14 ▷			11
10 ▷	?		
	11 ▷		

Le point d'interrogation est à l'intersection d'un 16 en 2 et d'un 14 en 2. 16 ne peut se décomposer qu'en 7+9. Mais 14 ne peut pas être décomposé en 7+7 car il y aurait une répétition. Le chiffre recherché est donc un 9.

	16	8	
14 ▷	9	5	11
10 ▷	7		
	11 ▷	?	

Ici on essaye de compléter un 8 en 3 cases, il y a déjà un 5. Cette case doit donc être un 1 ou un 3. Mais 1 ne peut pas être la bonne réponse car il faudrait un 10 pour compléter le 11 adjacent. Le chiffre recherché est donc un 2.

	16	8	
14 ▷	9	5	11
10 ▷	7	1	2
	11 ▷	2	9

Il existe de nombreuses autres techniques pour résoudre les nombres fléchés, à vous de les découvrir!

Puzzles

Puzzle 1

Solution en page 133

				9	13	3			29	11
			17 / 22				6	13		
	27	15 / 12						7 / 15		
20				15		17				
30					6	10	19 / 14			
6			31							
8				9						

Puzzle 2

Solution en page 133

		10	30		16	17			17	14
	12			17 / 10				11		
	25						24	16 / 11		
		12 / 8			23 / 20					
	22 / 16					9 / 7			14	
9				30						
10				8			10			

Puzzle 3

Solution en page 133

		29	20					12	23	
	10 ▷			17	8		12 ▷			3
	28 ▷				22	8 ▷ / 19				
	36 ▷ / 11							4 ▷ / 9		
3 ▷			37 ▷ / 17							
20 ▷					14 ▷					
	15 ▷						3 ▷			

Puzzle 4

Solution en page 133

			13	27	14	15			18	23
		29 ▷						8 ▷		
		11 ▷ / 28					28	16 ▷		
	23 ▷ / 10				13 ▷ / 13			11 ▷ / 15		
5 ▷			17 ▷		18 ▷ / 9					
14 ▷				28 ▷						
10 ▷				10 ▷						

Puzzle 5

Solution en page 133

	11	27		24	29			26	24	
3			16				16			
17			17 / 10			15	12			
	25						6 / 8			
	10		25							12
	4			4			4			
	5			11			11			

Puzzle 6

Solution en page 133

	13	34		21	20			15	35	
17			17				3			7
8			16 / 28			30	7			
	20 / 6						23 / 19			
19				27						14
14					16			16		
	17				8			14		

Puzzle 7

Solution en page 134

			11	13		10	13			
		13 ▷			6 ▷			16	23	14
	22	4 / 15 ▷			31 / 16 ▷					
12 ▷			13 / 3 ▷				22 / 14 ▷			
19 ▷				10 / 4 ▷				13 / 16 ▷		
19 ▷						16 ▷				
			4 ▷			8 ▷				

Puzzle 8

Solution en page 134

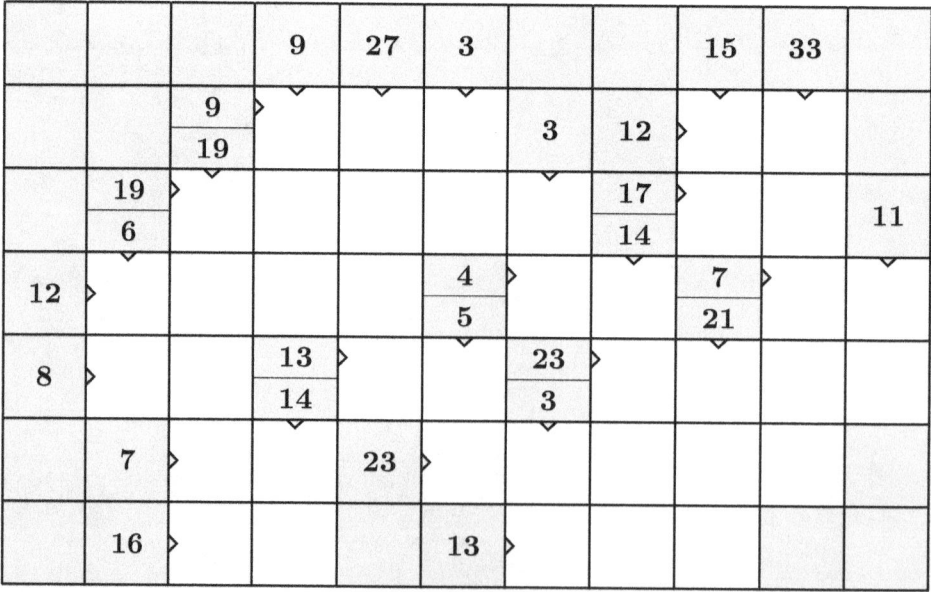

			9	27	3			15	33	
		9 / 19 ▷				3	12 ▷			
	19 / 6 ▷					17 / 14 ▷				11
12 ▷				4 / 5 ▷			7 / 21 ▷			
8 ▷			13 / 14 ▷			23 / 3 ▷				
	7 ▷		23 ▷							
	16 ▷		13 ▷							

Puzzle 9

Solution en page 134

	16	26			4	9			23	22
9			6	4 / 8				10		
31						11	7			
	14 / 7				6 / 6			14 / 10		
5			3			11 / 11				14
6				36						
4				4				9		

Puzzle 10

Solution en page 134

	23	34			37	28			39	8
7				17			3	16 / 6		
15				22						
11			5	23 / 9						18
	27 / 16								17	
28									14	
17				4					8	

Puzzle 11

Solution en page 134

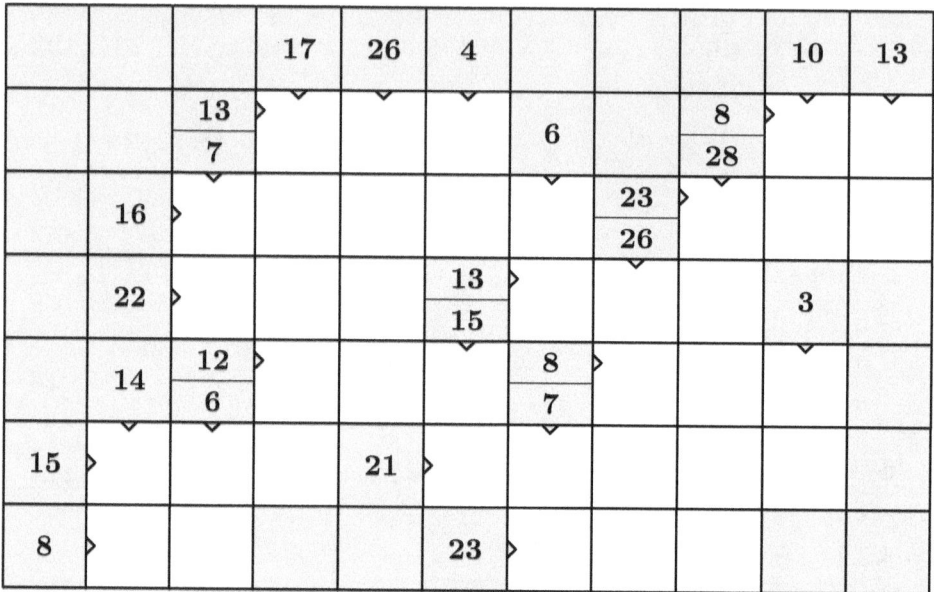

Puzzle 12

Solution en page 134

Puzzle 13

Solution en page 135

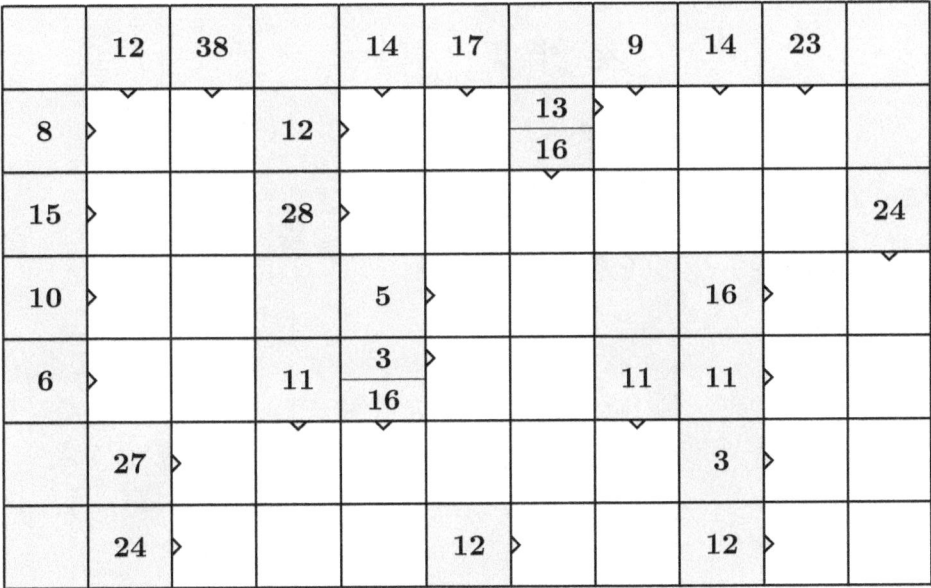

Puzzle 14

Solution en page 135

Puzzle 15

Solution en page 135

			24	15		19	9		19	10
		10 ▷			12 ▷			4 ▷		
		17 ▷ / 25			4 ▷ / 21			15 ▷		
	31 ▷ / 23						23	6 ▷ / 11		
8 ▷				32 ▷ / 16						
14 ▷			17 ▷			7 ▷				
17 ▷			8 ▷			13 ▷				

Puzzle 16

Solution en page 135

	15	27		29	15			23	37	
8 ▷			17 ▷			16	17 ▷			4
16 ▷			21 ▷ / 22				19 ▷ / 17			
	15 ▷ / 15				18 ▷ / 10					
24 ▷						11 ▷ / 4				10
21 ▷				10 ▷				17 ▷		
	16 ▷				9 ▷			5 ▷		

Puzzle 17

Solution en page 135

		27	12	20			3	16		
	16					10			18	23
	22 / 23			17	22 / 8					
16			19			23	8			
13			13	19 / 9				9 / 6		
13						21				
		17				13				

Puzzle 18

Solution en page 135

		39	13		21	23		14	37	
	16			8			14			
	12 / 10			3 / 14			10 / 16			16
10			41 / 16							
42							13 / 5			
	16			5			12			
	7			9			6			

Puzzle 19

Solution en page 136

	36	27							29	38
15						16	17	10		
16			16		13 / 21			15 / 15		
23				39 / 9						
34							23			
8			5					7		
4								12		

Puzzle 20

Solution en page 136

		35	12		25	30			38	25
	17			6 / 8				4 / 4		
	20 / 23						18			
4			22 / 5				14 / 4			
21				8				16 / 5		
12				20						
16				3			13			

Puzzle 21

Solution en page 136

		12	12			4	22		11	3
	7				6 / 12			3		
	9			11 / 25				10 / 11		
		13 / 11				12 / 10				
	18 / 4				19 / 13				4	
3			17				6			
4			12				4			

Puzzle 22

Solution en page 136

		36	8	10				17	36	27
	21						18			
	9 / 14			7	6	23				
11			6			24	6			
7			4	19			16 / 11			
7					22					
14					21					

Puzzle 23

Solution en page 136

		38	22		7	8			39	22
	4 ▷			4 / 11				16 ▷		
	18 ▷					10	17 / 24			
	24 / 9			31 / 11						
18 ▷					9 / 14					
15 ▷			18 ▷							
10 ▷			16 ▷		15 ▷					

Puzzle 24

Solution en page 136

		39	9					19	30	
	16 / 26						17 ▷			11
10 ▷			16	5	13	13 / 11				
13 ▷		35 / 19								
35 ▷							7 / 4			
20 ▷						16 ▷				
	17 ▷					3 ▷				

Puzzle 25

Solution en page 137

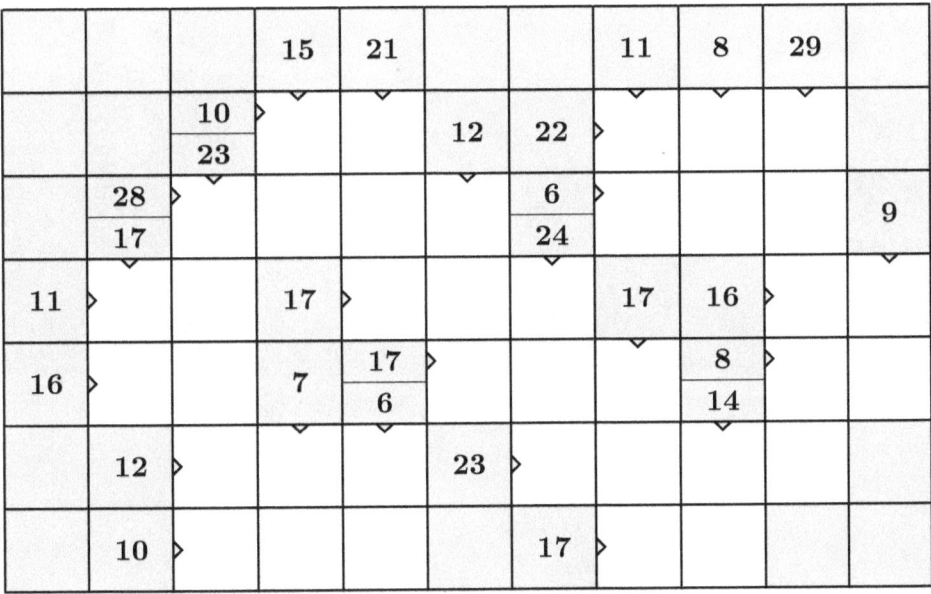

Puzzle 26

Solution en page 137

Puzzle 27

Solution en page 137

		27	14		21	28			24	25
	7			13/14				14		
	29/26							13		
14			10				16	3		
4				20				11/16		
12				28						
16				3			14			

Puzzle 28

Solution en page 137

		20	17			34	23			
	16				17/16				16	
	10/5			26					15	8
9			3	23/9						
28								12/8		
		14					3			
			4				12			

Puzzle 29

Solution en page 137

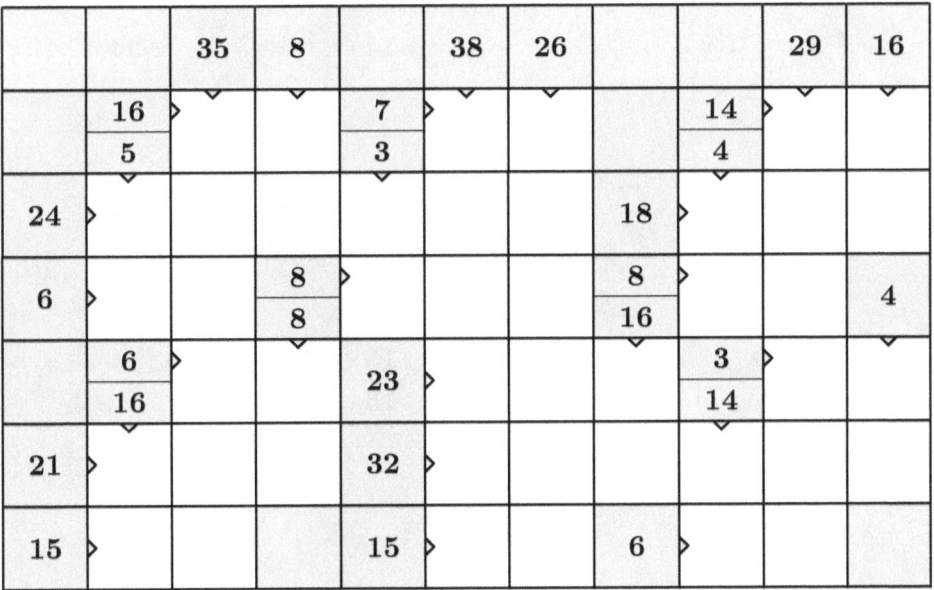

Puzzle 30

Solution en page 137

Puzzle 31

Solution en page 138

	6	18			11	4			6	11
9 ▷				6 ▷ 22 ▽			24	12 ▷ 19 ▽		
13 ▷			29 ▷ 10 ▽							
	12 ▷					17 ▷			13
	17	3 ▷ 7 ▽			4	17 ▷ 10 ▽				17
32 ▷								15 ▷		
11 ▷				9 ▷				14 ▷		

Puzzle 32

Solution en page 138

	15	34			13	14			34	12
17 ▷				8 ▷ 9				6 ▷		
11 ▷			22 ▷ 15 ▽				15	15 ▷ 7 ▽		
	12 ▷				10 ▷ 10 ▽					
	20 ▷ 16 ▽					13 ▷ 13 ▽				3
17 ▷				24 ▷				9 ▷		
8 ▷				7 ▷				11 ▷		

Puzzle 33

Solution en page 138

		35	13	12				14	25	
	18				20		8 / 16			
	21 / 16					18 / 9				17
16			16 / 12					16		
14			22 / 8				6	12 / 9		
	19				12					
	3				17					

Puzzle 34

Solution en page 138

		14	20		25	31			13	8
	16			10				6		
	13		7 / 3			14	14 / 27			
		29 / 6								
	32 / 11							4		
10				3		5				
4				16		11				

Puzzle 35

Solution en page 138

Puzzle 36

Solution en page 138

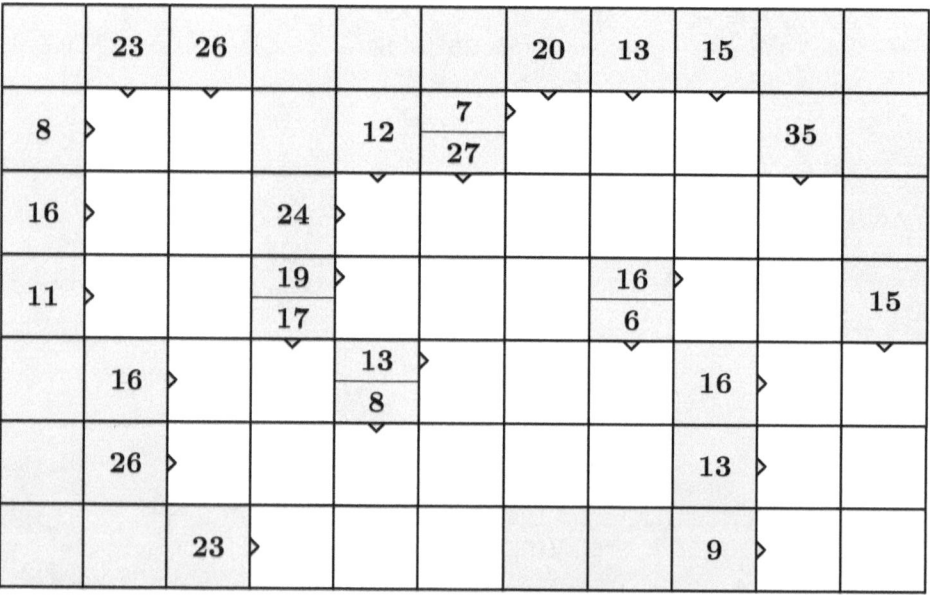

Puzzle 37

Solution en page 139

		35	15			17	25		23	7
	15 ▷				17 ▷			10 ▷		
	8 ▷		17	10 / 28 ▷			5 ▷			
	22 / 23 ▷						8 / 13 ▷			
15 ▷		33 ▷								
16 ▷		8 ▷				3 ▷				
13 ▷		16 ▷				4 ▷				

Puzzle 38

Solution en page 139

	6	22			34	27		24	11	
12 ▷				7 ▷			3 / 15 ▷			
11 ▷			22	30 ▷						
	6 ▷			28 / 17 ▷					10	
		29 / 17 ▷					7 ▷			12
	31 ▷							16 ▷		
	16 ▷			16 ▷				5 ▷		

Puzzle 39

Solution en page 139

	25	21				17	28	7	37	
9					27 / 11					
13				29 / 19						15
5			4 / 23			26 / 17				
27					16 / 17			5		
	33							8		
	25							10		

Puzzle 40

Solution en page 139

	7	22			5	19			24	17
4				8 / 15				16		
6			21 / 6				14	10 / 11		
	15				14 / 20					
	15 / 4				11 / 16					8
10				21				13		
4				16				4		

Puzzle 41

Solution en page 139

	12	16		10	11			27	10	
17			4			14	6			
7			16\27				16\13			
	13				16\14				19	
		15\13			22\12					9
	15			21				16		
	14			4				5		

Puzzle 42

Solution en page 139

			15	8			7	4	19	
		6			14	15				
	5	13\22			6\21					11
11				10				3\18		
7			10	17\4		20\14				
	9				24					
	19				12					

Puzzle 43

Solution en page 140

			12	19				9	19	22
		14 ▷ / 31			21		8 ▷			
	10 ▷					6	24 ▷			
	33 ▷ / 8						19	9 ▷ / 10		
8 ▷			3	31 ▷						
8 ▷				14 ▷						
16 ▷					4 ▷					

Puzzle 44

Solution en page 140

		26	17				18	23	33	
	9 ▷					18 ▷				
	12 ▷ / 10				10	24 ▷ / 15				12
9 ▷			23	39 ▷ / 10						
23 ▷								13 ▷ / 10		
	21 ▷						16 ▷			
	20 ▷						3 ▷			

Puzzle 45

Solution en page 140

		38	11	14				14	27	
	12						16			
	9 / 16			6	3	8 / 16				5
33							4 / 18			
15			28 / 6							
	11					8				
	12					18				

Puzzle 46

Solution en page 140

		35	10					15	26	23
	13					11	22 / 4			
	14 / 24			18 / 14						
14				15 / 11				4		
16			6 / 4					17 / 11		
23							6			
6							14			

Puzzle 47

Solution en page 140

	6	37		21	24			29	29	
3 ▷			16 ▷				16 ▷			
14 ▷			13/27 ▷			29	15 ▷			
	28 ▷						7/12 ▷			
	10 ▷		28 ▷							15
	14 ▷				9 ▷			17 ▷		
	17 ▷				15 ▷			7 ▷		

Puzzle 48

Solution en page 140

		30	12			31	7			
	17 ▷				15/27 ▷			9	24	22
	9/21 ▷			28 ▷						
17 ▷			16	13 ▷			23 ▷			
12 ▷				15/7 ▷				13/13 ▷		
30 ▷							5 ▷			
			6 ▷				16 ▷			

Puzzle 49

Solution en page 141

		25	14			13	14	15		
	16			13	24\7				35	
	42\5									10
8			11			10	6	14		
12			14	10	4\3			11\11		
	36									
		15					12			

Puzzle 50

Solution en page 141

	15	29			37	22		4	22	
3			3	9			7			
10			11\16			4\9				21
36							7\3			
6			39\7							
	4			13			7			
	12			4				16		

Puzzle 51

Solution en page 141

	29	26			24	14			3	15
8				9 / 12				10 / 9		
10			23				10 / 3			
16			4			9 / 22			18	7
12			30	11				3		
	15			13 / 16			16	10 / 21		
		41								15
	4	17 / 34				22				
20				10			15 / 6			
15					15	3 / 34				
	34 / 6								35	
6				12 / 12			10			27
13			13 / 9					8	16	
	6	13 / 9			3 / 12				10	
14				21					17	
4				14					11	

Puzzle 52

Solution en page 141

Puzzle 53

Solution en page 142

		15	6		11	13		26	38	
	8 ▷			16 ▷ / 10 ▽			17 ▷			3
	21 ▷ / 6 ▽						18 ▷ / 16 ▽			▽
7 ▷			3 ▷ / 20 ▽			16 ▷				
8 ▷					17	21 ▷ / 11				5
	6 ▷			9 ▷ / 21 ▽				11 ▷ / 14		▽
	8	21 ▷ / 14					10 ▷ / 24 ▽			
19 ▷				20 ▷ / 24 ▽					16	7
16 ▷		25 ▷ / 10						8 ▷ / 27 ▽	▽	▽
	16	16 ▷ / 34				27 ▷ / 6				
16 ▷				17 ▷					27	
17 ▷		25	14 ▷ / 17				10 ▷			16
	23 ▷ / 13					13	13 ▷ / 17			▽
16 ▷				12 ▷ / 11	▽		17 ▷ / 17			
20 ▷			35 ▷							
	17 ▷			8 ▷			16 ▷			

Puzzle 54

Solution en page 142

	9	41		12	22			20	38	
4 ▷			15 ▷				4	▷		
8 ▷			14 / 10 ▷			36	16 ▷			
	16 ▷			6 / 17 ▷			14 / 12 ▷			
	16 / 6 ▷				12 ▷					16
22 ▷					13 / 37 ▷			16 ▷		
8 ▷				7 ▷				17 / 16 ▷		
6 ▷		7	18 ▷						37	
	4 ▷		16 / 20 ▷				10 ▷			18
	5	26 / 32 ▷						3 ▷		
6 ▷			11 ▷				6	17 / 18 ▷		
11 ▷		10 / 14 ▷				18 ▷				
	15 ▷				19 / 24 ▷					
	11 ▷			11 ▷			14 / 7 ▷			7
	16 ▷				14 ▷			3 ▷		
	3 ▷				8 ▷			9 ▷		

Puzzle 55

Solution en page 142

Puzzle 56

Solution en page 142

Puzzle 57

Solution en page 143

	17	7		30	5		14	5	38	23
13			9 / 24			26				
31						15				
	17 / 12				11	8	16 / 15			
	17 / 12			15						
5				24 / 6					4	
14		8	6 / 6				7 / 17			
	12					18 / 14				
	9	3 / 42			16 / 5			14		
12			11 / 19						9	
17		3	13 / 10				4			
	22					26	10 / 11			
	13 / 22				17					
16		6	3	4 / 16			11	4		
11				29						
19				17			7			

Puzzle 58

Solution en page 143

	12	26	22	24	5		10	11		
33						10				
16						4 / 13			38	23
	14 / 4				16 / 4			15		
11			13					14 / 13		
7			6 / 7				24 / 14			
		6 / 32				13 / 7				15
	10 / 3				10 / 9			12		
3				7 / 11				16 / 12		
7			16 / 15				5 / 39			
	9 / 19					17 / 12			24	4
23					16 / 10			4		
10				11 / 9				3 / 16		
11			9 / 3			23 / 8				6
		6			15					
		5			30					

Puzzle 59

Solution en page 143

	9	38			16	10		9	15	
4				5			7 / 20			7
15			9	32						
	3			23 / 5				6 / 4		
	18 / 16				12	7			10	13
8			9 / 26			12	7			
17				10			16	16 / 23		
22				15	23					
		17 / 23			6	10			40	18
	20 / 17					6	21			
17			12	9			23 / 10			
18				17	6			5 / 17		
	4	13 / 12			9	22 / 18				
4		14 / 12					11			9
36								16		
	4			9				8		

Puzzle 60

Solution en page 143

Puzzle 61

Solution en page 144

	6	38						4	15		
3	▷		22				3	▷		18	12
11	▷			12	6	25	▷				
18	▷					25	8 / 4	▷			
	39	▷									10
	16 / 17	▷			8 / 17	▷		14	▷		
14	▷		11	12 / 23	▷		11	4	▷		
42	▷							16	43		
	17	▷			19	18 / 6	▷				7
	3	30	37	▷							
5	▷			12 / 5	▷			12 / 30	▷		
10	▷		12 / 21	▷		12	15 / 16	▷			
	39 / 17	▷									16
24	▷			17	34	▷					
20	▷						15	▷			
		16	▷					6	▷		

Puzzle 62

Solution en page 144

	16	34			31	3			37	13
7				11			9	17		
5			15				12			
			13				12			
9			5			10				13
						4				
14			17				14			
11			17	11				15		
								6		
	12			17		5	4			13
							18			
	17	12			15					
		42			4					
17			20					13		
			4					6		
19						12			39	
	9				11	30	11			32
	14									
9			9	5			13	7		
20				16					12	
				12						
	21				16			15		
	12				11					
8			19					17		
10				14				11		

Puzzle 63

Solution en page 144

	15	45					12	20		
7					4	13 / 44				
11			25	23					20	
	7 / 21			4 / 16			13 / 29			5
30					16			7		
28					10		13 / 16			
19					20 / 38				45	37
6				30						
4			15	14 / 26				3		
28								15 / 27		
	12	16 / 16				20 / 3				
15			13			13				
8			17 / 20			17 / 7				
	12			15 / 4			16			10
		16						14		
		6						13		

Puzzle 64

Solution en page 144

		9	10	7				13	15	
	7 / 3			14		4				8
22					13	21 / 12				
8			16	30 / 6						
	11 / 41				4				31	5
	14 / 10			5 / 24			4			
6			10 / 11				10 / 8			
14		17 / 5			17	10 / 14				
	37									8
	9 / 7			17 / 26			14 / 14			
14			14 / 20			9 / 13				
6		6			18					
	10	19	16 / 20		8 / 4				7	10
34						7	4 / 13			
23				29						
	8			7						

Puzzle 65

Solution en page 145

	11	45			17	28		3	22	
3 ▷				13 ▷			4 ▷			
13 ▷			5	15 / 10 ▷			6 / 17 ▷			8
	20 ▷				14 ▷			5 ▷		
	8 / 23 ▷				10 / 24 ▷			11 / 12 ▷		
16 ▷				16 ▷			10 / 29 ▷			
4 ▷			18 / 30 ▷						45	
7 ▷			16 / 18 ▷			11 ▷				24
25 ▷					21 / 13 ▷					
	15 ▷			7 / 35 ▷				7 ▷		
		29 / 27 ▷						15 ▷		
	11 / 14 ▷			7 / 5 ▷			15	11 / 5 ▷		
6 ▷			12 ▷			21 ▷				
15 ▷			3 / 4 ▷			14 / 6 ▷				16
	12 ▷			8 ▷				12 ▷		
	9 ▷			14 ▷				17 ▷		

Puzzle 66

Solution en page 145

		35	22		11	6			29	5
	12			14			8	6		
	16			9				12		
	13			10				8		
27					17	7				
7			9			14	8			9
	4		11	16			24	3		
21	12			15				14		
10			9	18		10		4		
		13	8			8			32	16
	13	37			15	21		9		
6	14		7		9		21	9		
12			16	14			14			4
14				17	11		13	6		
	20				6	20		20		
13	14		19			9		6		
16				4			11			

Puzzle 67

Solution en page 145

	13	7				6	9		18	9
4					4 / 12			7 / 16		
3			12	39 / 3						
23							3 / 19			11
	7	10 / 20			17	23 / 16				
3				23 / 10				3 / 18		
12			35 / 13							
20						9			21	
	4			19			10 / 10			23
		7			14	24 / 5				
	13	25 / 23						16		
9			8 / 24				13	7 / 4		
24						8 / 12			23	16
	11 / 3			14	26 / 3					
27								13		
10			10					16		

Puzzle 68

Solution en page 145

Puzzle 69

Solution en page 146

Puzzle 70

Solution en page 146

Puzzle 71

Solution en page 146

	14	38			18	27			36	13
9				14				8		
17			15 / 9					15		
8		6 / 13				28	6			
	16 / 7			15 / 3			10 / 10			
14			19 / 13							12
14		7 / 14			26 / 13					
	12 / 44			13 / 6			8 / 9			
	15 / 17		8 / 20			8 / 13				
13		13 / 16			8 / 7			33	3	
26				12 / 23			11 / 12			
	19 / 24				7 / 4					
10		15			14 / 6				15	
3			9				5			
16			3				10			
17			9				17			

Puzzle 72

Solution en page 146

Puzzle 73

Solution en page 147

			4	12					34	10
	7	5 / 37						16		
12					10		26	11 / 4		
15			13 / 29			14 / 16				24
	7			26 / 14						
	18 / 6				14			16 / 41		
11						17 / 17				
8					22 / 6				38	
	13			13 / 22			17			9
	21	19 / 29					15 / 9			
27					16	22				
15			10 / 16			6 / 17				
38							12 / 13			7
	10 / 17				11			6 / 3		
10						19				
16						10				

Puzzle 74

Solution en page 147

Puzzle 75

Solution en page 147

			17	17				12	20	
		13 ▷			8		12 ▷			
	28	13 / 45 ▷				25	10 ▷			
14 ▷			9 / 17 ▷				4 / 14 ▷			
30 ▷					20 / 26 ▷				45	4
24 ▷				23 / 13 ▷				11 ▷		
9 ▷			24 ▷					5 / 16 ▷		
4 ▷			11 / 10 ▷			10 / 15 ▷				
	17 ▷			10 / 27 ▷			16 / 11 ▷			34
	11 / 9 ▷				4 / 10 ▷			13 ▷		
8 ▷			24 ▷					16 / 9 ▷		
4 ▷			11 / 22 ▷				19 / 22 ▷			
		12 / 17 ▷				22 / 3 ▷				
	3 ▷			7 ▷				6 / 6 ▷		
	16 ▷				8 ▷					
	17 ▷					12 ▷				

Puzzle 76

Solution en page 147

Puzzle 77

Solution en page 148

	5	40			38	5			28	16
12 ▷				7 ▷				13 ▷		
7 ▷		30	13 / 5 ▷			9	8 / 8 ▷		
	23 ▷ / 12				6 / 27 ▷				
45 ▷									15
18 ▷			17 ▷				15 ▷		
	17 / 4 ▷		13 ▷		5	12 / 13 ▷		
3 ▷		7	4	8 ▷				37	16
13 ▷				18	22 ▷				
	4	9 / 28 ▷			28		10 / 26 ▷		
5 ▷			11 ▷		14 ▷				14
8 ▷		6	8 / 13 ▷		24 / 13 ▷				
	45 ▷								
	8 / 6 ▷			22 / 6 ▷					9
14 ▷			3 ▷				7 ▷		
5 ▷			14 ▷				16 ▷		

Puzzle 78

Solution en page 148

Puzzle 79

Solution en page 148

Puzzle 80

Solution en page 148

	15	20		8	24			6	25	
3			8 \ 7				10			8
34							10			
23					4	19	15 \ 6			
5			23	8	18					
	16			10 \ 17					26	6
	12 \ 13			14 \ 29						
	9 \ 19		17				10			
4			6				4 \ 22			
9		20	13 \ 13			16 \ 5				
29				20 \ 16				33		
	17 \ 26				17				30	
	28 \ 16				11	18	17 \ 4			
14		4		30						
12				19						
	11			7			14			

Puzzle 81

Solution en page 149

Puzzle 82

Solution en page 149

	10	11		22	21			14	30	
7			5\30				16			16
29						6	16\7			
		20\23						15\14		
	18\7				15					
30							3			11
17						14	21\11			
	3			16	10\13			6\28		
	8	35\39							21	
13			14\7				6			9
8							23\15			
	6			16	7	14				
	22\14					15\22				
17			19\12						11	4
23					26					
	4				9			4		

Puzzle 83

Solution en page 149

		40	29		7	6		26	40	
	10			4 / 4			4 / 11			7
	45 / 4									
15				12	23 / 8					
8			7		16 / 6				15	
	14 / 7		11 / 13				17 / 9			
5		3			15					
15		14 / 18			13 / 13					
	7 / 28				9 / 13				33	16
	14 / 9		13	4			12			
17				7 / 16			15 / 25			
8		22 / 12				5			14	
	4 / 5		8 / 3			23 / 6				
11				4	12 / 13					
45										
	6		11			6				

Puzzle 84

Solution en page 149

	19	24			22	8			45	5
5			15	4/16			11	4		
41								6/12		
28					20/11					
17			7	12			6			6
	13			4/12				4/8		
	15	9/45			7		12			
8			7			10	15			4
15			16	8			17	8		
	15/9				16			12/15		
19					5	15/30			32	
6			9	12			15			12
	6			7/12			16	10/11		
	12/6				33/13					
11			38							
12				6				14		

Puzzle 85

Solution en page 150

	11	38		10	21				16	11
8			5					14 / 15		
17			11				16 / 42			
3			13 / 33			14			29	
	14					23 / 28				18
	6 / 5				23					
20				32	12			13		
19					16 / 30			17 / 24		
	22	28 / 14							40	17
7			7			26				
16			13 / 15				15			
31							16 / 24			
	8					8 / 13				19
	14	8 / 7			15			17		
14					13			9		
13					4			16		

Puzzle 86

Solution en page 150

		45	21		19	13			18	4
	3			8				6		
	4			17/6			9	7/25		
	20					16				4
	7/11				12	11/21				
29							7/9			
13				29					45	
4					22					11
12			29	7	9				10	
	13					11		4		
	14	16/24					13	3/15		
22				34/8						
26						12/12				
	6/3				26/5					
10				8			6			
4				4			4			

65

Puzzle 87

Solution en page 150

	11	25		20	28			15	38	
4			15				17 / 17			
13			17			17				
12			7 / 15			12 / 4				19
	11			10 / 29			11	12		
	3 / 14	17			7			17 / 22		
19					10	25				
8		11 / 9				5	11 / 29			
		31 / 36							5	16
	5 / 10			7	13			9 / 13		
18					15	25				
5			14			11 / 25			12	
10			13	9 / 13			6 / 24			19
	8				14			10		
	18				16			15		
	12				17			4		

Puzzle 88

Solution en page 150

Puzzle 89

Solution en page 151

	14	35		11	11				34	14
12 ▷			4 / 16 ▷				4	14 / 15 ▷		
32 ▷						18 / 16 ▷				
45 ▷										13
10 ▷			5	9 ▷			9	14 ▷		
	7 ▷			5	6 ▷			16 / 17 ▷		
	14	7 / 21 ▷			4	15 ▷			11	
15 ▷			4 ▷			14	12 ▷			5
11 ▷			6	9 ▷			9	6 ▷		
	14 ▷			15	8 ▷			7 / 5 ▷		
	4	8 / 25 ▷			13	11 ▷			23	
4 ▷			12 ▷			30	9 ▷			18
5 ▷			6	16 / 14 ▷			22	16 / 10 ▷		
	45 / 16 ▷									
28 ▷					26 ▷					
10 ▷					16 ▷			3 ▷		

Puzzle 90

Solution en page 151

	6	35		21	16			8	43	
3			13				6			15
14			5 / 27				8			
	19					3	15 / 11			
	17 / 8			16 / 13				15 / 10		
11					11					
30					10		12			14
	15	15 / 38				17		13		
7				12			10	14 / 32		
13			8		16				36	5
	6			14	5	11				
	27 / 7					20 / 26				
4			17 / 24				15 / 24			
18					30					9
19					15			17		
	9				13			4		

Puzzle 91

Solution en page 151

Puzzle 92

Solution en page 151

	9	44				11	17		23	11
16				6	16\9			16		
9			24\8					3\17		
	16					5	13\11			14
	8\27			5	27\11					
14			10\12					10\6		
23						3	7\13			
16				8	15\13				39	27
13			12\15					9\10		
		23\25				11	22\9			
	11\9			16	16\12					
13			23\16					12\4		
31						9	11\10			
	15\11			7	17\16					11
3			21					3		
12			14					16		

Puzzle 93

Solution en page 152

Puzzle 94

Solution en page 152

Puzzle 95

Solution en page 152

				30	12			6	44	
			16 / 6			14	11			
		11 / 23					7 / 10			
	15 / 7				11 / 24					15
7			29					15 / 10		
14			11 / 8			16 / 21				
	15			17 / 19			14 / 16			11
	4	4 / 37			15 / 21			6		
10			27					13 / 10		
6			14 / 16			8 / 9			21	
	9 / 10			10 / 19			9 / 34			3
28					13 / 8			4		
5			21 / 9					6 / 15		
	20					23 / 10				
	6			18						
	4				14					

Puzzle 96

Solution en page 152

	19	45					16	13	16	
3					26	22 / 23				
11				27						12
16			20	15				8		
	3 / 28			16 / 17				9 / 11		
33						6 / 15				
28					8	9 / 22			45	16
10				16 / 12				6		
17			29					3 / 21		
16			8 / 9				12 / 4			
		4 / 19				14 / 16				
	7 / 17				27 / 21					
11				5			16			24
16			10	13 / 9				16		
	22							11		
	21							8		

Puzzle 97

Solution en page 153

	9	36		17	18				28	8
8			12 / 14					4		
25					16		14			
	7 / 31			6				7 / 22		
12			14	16 / 9			8 / 14			
11					25					
28					21	16 / 9				
17				16					36	16
14			27	15 / 13				6		
		12					3	12 / 7		
		16 / 33			12	20				
	25					11 / 29				
	12 / 13			10				3 / 9		
14				9			13 / 7			16
9					23					
10					13			8		

Puzzle 98

Solution en page 153

Puzzle 99

Solution en page 153

		43	26			5	16		22	11
	4 / 13			9	9			6 / 14		
30					29					
17				32	5	11			20	
	5		6				11			
	15 / 3		4 / 5			10	6 / 12			
10		4		29 / 25						
4		26 / 23						36		
	15	13 / 5		3 / 6				9		
	11	25 / 26					4			
18			5 / 16			11 / 16				
3			9		4					
10		8	17		6 / 16			12		
	9 / 16		3	10	21					
32					30					
9		3			11					

Puzzle 100

Solution en page 153

Puzzle 101

Solution en page 154

Puzzle 102

Solution en page 154

Puzzle 103

Solution en page 154

	12	38			22	15		23	40	
16 ▷				12 ▷ / 9			11 ▷			
4 ▷			21 ▷ / 10				17 ▷ / 16			
	26 ▷					20 ▷ / 13				27
	4 ▷ / 15				27 ▷ / 31					
16 ▷			11	11 ▷ / 16				16 ▷		
31 ▷						21		5 ▷		
	33 ▷						23	17 ▷		
	24	30	21 ▷					16	32	
17 ▷				34 ▷						15
9 ▷				31 ▷ / 16						
5 ▷			25	14 ▷ / 16				8 ▷ / 11		
30 ▷						21	16 ▷ / 6			
	19 ▷			13 ▷ / 5						12
	16 ▷			13 ▷				4 ▷		
	6 ▷			11 ▷				17 ▷		

Puzzle 104

Solution en page 154

	25	44	14				17	4		
11						12			18	
24			30			13				16
25					8	8	13	5		
16			28/14					14		
	21/11							6/8		
22						3	9/15			
16			9	17	12/12				42	
	40									7
		15/19				9	25	10/14		
	13/24			13	15/6					
14			31							17
10			26					4/8		
8			3	11		20				
	8						20			
		10					6			

Puzzle 105

Solution en page 155

Puzzle 106

Solution en page 155

Puzzle 107

Solution en page 155

		45	17		32	14		10	18	
	12 ▷			13 ▷ / 17			8 ▷			
	34 ▷ / 13						6 ▷			
5 ▷			19 ▷				3 ▷ / 13			8
12 ▷			9	12 ▷ / 3				4 ▷ / 14		
	18 ▷					28 ▷				
	13 ▷ / 24					7 ▷ / 5			45	16
10 ▷				10 ▷ / 13				11 ▷		
13 ▷				9 ▷ / 15				16 ▷		
14 ▷			6 ▷ / 11				8	5 ▷ / 12		
	3	16 ▷ / 31				7 ▷ / 27				
13 ▷				19 ▷ / 29						7
3 ▷			16 ▷ / 6				10	12 ▷		
	7 ▷			24 ▷				4 ▷ / 11		
	12 ▷			21 ▷						
	10 ▷			17 ▷			17 ▷			

Puzzle 108

Solution en page 155

	10	15			28	30			45	15
3				9				8 / 15		
12			26	16			18			
	4 / 8			7			16 / 8			4
6				19 / 16				11 / 18		
32						14 / 11				
	7	28 / 45					5			
12				9			15			6
3			7		15	42		14 / 25		
	7			16			13 / 8			
	5 / 14			13 / 11					17	3
19				32 / 10						
16			13 / 16				7			
	16 / 6			4			6			7
18				7				9		
11				12				3		

Puzzle 109

Solution en page 156

	21	38			16	10			38	15
12				5				4		
13				6 / 21			6	17		
16			27 / 4					11 / 16		
	11				37	15				
	20 / 10					27	9			6
16				7			7	12 / 3		
3			17	26 / 4						
	15	33 / 34							30	16
29								9		
16			12	9			13	13 / 12		
	16			6	13					
	8 / 23				19	21 / 8				9
12			17					4		
8				8				3		
17				14				13		

Puzzle 110

Solution en page 156

Puzzle 111

Solution en page 156

Puzzle 112

Solution en page 156

	16	30		12	17				41	23
10			14 / 13			21		15		
36							14	16 / 37		
	15 / 11				31					
7					28 / 14					
8				10 / 11			17			8
4			4				14			
6			10 / 29				12 / 22			
	4	9 / 42				16 / 11			35	20
7					6			14		
19					12 / 15			3		
	9		9 / 15					17		
	20 / 17							4 / 4		
21						10	11 / 8			8
17				21						
16					11			9		

Puzzle 113

Solution en page 157

	17	30			8	23		18	32	
12 ▷				8 ▷			9 ▷			
14 ▷			4	16 ▷			11 / 15 ▷			6
	5 ▷			15	23 / 20 ▷					
	23 / 9 ▷							10 / 20 ▷		
12 ▷			15 ▷			6	6 ▷			3
6 ▷			34	14 ▷			9 / 4			
	11 ▷			12	23 ▷					
	11	11 / 37 ▷			11	5 ▷			29	
26 ▷						22	3 ▷			12
23 ▷				11 ▷			12	11 ▷		
	11 / 17 ▷			8	16 / 28 ▷			8 / 11 ▷		
16 ▷			24 / 11 ▷							
29 ▷						15	17 ▷			6
	11 ▷			12 ▷				11 ▷		
	16 ▷			14 ▷				4 ▷		

Puzzle 114

Solution en page 157

Puzzle 115

Solution en page 157

		37	33			7	8		30	13
	6				4			15 / 3		
	8			18 / 11						
	14			8 / 16			9			21
	28 / 24						27	16 / 17		
26					27 / 25					
12				31 / 16						
16				13 / 13					37	24
5		26					6			
	22	38	7 / 15				17			
23						17	5 / 33			
26				29 / 15						
15		8		22 / 12						
	14 / 3			8 / 8		16				
24					10					
11		4			14					

Puzzle 116

Solution en page 157

Puzzle 117

Solution en page 158

	13	43			6	28		8	30	
10				4			3 / 10			
3				33						11
9				4	16 / 19					
16			8 / 24						8	
	19						14	17 / 33		
	14 / 4			29						
12					15				43	14
7				13	34		13			
		7				9	20			
	10	21 / 33					16 / 13			
16				25						20
4			14	8 / 10				7		
30						16		14		
	22							8		
	16			13				13		

Puzzle 118

Solution en page 158

	13	32		19	4			28	45	
13			8 / 4				14 / 5			
21						21				
15						11				15
12			12		13	16	23			
	8			11 / 3			14	7 / 7		
	15	34 / 45								
11			7		18 / 23					8
7			9	3 / 3			16	9		
	14			16 / 3				4 / 16		
	37 / 14								22	
11			16	7			14			25
11				4			12	13 / 15		
	9				12 / 16					
	14			35						
	17			14				11		

97

Puzzle 119

Solution en page 158

	12	9			10	31			17	12
11				13				16 / 12		
5			11	14 / 7			17 / 4			
	14				6 / 11				38	6
	13	41 / 44								
4			12	7 / 5				12 / 13		
11					14		17			
28						9	8			28
12			3	17			7	13 / 3		
	6				17					
	7 / 10				24	12 / 16				
16			15	11 / 6			15	9 / 12		
44									21	
	17	17 / 5				21 / 14				11
11				8				7		
12				16				17		

Puzzle 120

Solution en page 158

Puzzle 121

Solution en page 159

		18	9			17	9		
	16 / 4				16	12 / 31			
9			28 / 20					43	39
3		13 / 13			17 / 17				
	11			13		15			
	43	13 / 36		16 / 12		9			
6		16 / 3				4			
32						3 / 16			
7				8	17 / 22				
11				32 / 19					
7			16 / 13			12 / 4			
4		5		4			29		
17		16 / 23		13 / 9				10	
22			7 / 5			11 / 17			
	23				24				
	8				13				

Puzzle 122

Solution en page 159

Puzzle 123

Solution en page 159

Puzzle 124

Solution en page 159

Puzzle 125

Solution en page 160

	8	37				12	33		32	15
15			17		16			16		
12				16	9			9 / 7		
	22 / 20				21	12				
16			15			17 / 6				17
5			12	17				9		
20				12 / 12				16 / 17		
16							10 / 8			
		5 / 33				4			32	27
	3 / 16				10	12 / 23				
17				13 / 27			21			
10			20 / 5				4	15		
	7 / 19				9			14 / 17		
12					8	19				6
15			15				13			
17			6					6		

Puzzle 126

Solution en page 160

Puzzle 127

Solution en page 160

	14	4				4	21		16	7
7			14		10 / 39			14 / 11		
17				33 / 6						
	14	15 / 45				6			45	24
9			8 / 14			12		8		
19				8				11		
8			13 / 16					16 / 17		
16			17 / 10			42	13 / 12			
	44									17
	6 / 24			13 / 8				12 / 9		
13			12				8			
16			9			18 / 15				
10		11	15	10			16 / 6			
	16	13 / 14			18 / 7				14	6
39						17				
17		3					7			

Puzzle 128

Solution en page 160

	15	9		5	17				29	15
9			7 / 20			12	18	15		
41								6		
	4		23 / 7					9 / 9		
	10	14 / 11			6	18				17
9			3			19	12			
7			13	6			9	9 / 7		
	13			14	26 / 6					
		23 / 34							22	
	16 / 14					10	10			12
7			8	5			12	9		
21				21	9			16 / 13		
	20 / 12				17	17 / 13			19	
6			15				4 / 10			7
4			36							
15					16			12		

Puzzle 129

Solution en page 161

	14	30				37	9		21	12
16			16	11	3			13		
14					17 / 21			5 / 9		
	29						14 / 27			
	17 / 3			30						13
4				18				11		
3			4	22	7			6		
	12				3 / 44			7		
		25							28	
	10	34	5			8				3
13			3			18		3		
14			12 / 15					4 / 15		
	33						5 / 3			
	9 / 5			31 / 5						9
4			10			14				
11			5					14		

Puzzle 130

Solution en page 161

			6	10	11	12			34	23
	8	11 / 8						17		
39						35	14 / 40			
4			8		16 / 7					
	4			7	19					
	16	8 / 25		27 / 16						
17			7 / 37		15 / 20			26		
21				31						
	17		4 / 35			12				8
	31					24 / 13				
		6 / 25		12 / 16			9 / 9			
	22				7			9		
	16 / 11						12			6
21				13	12	7	8 / 15			
10				22						
17				28						

Puzzle 131

Solution en page 161

			13	12	41			21	7	
	8	21 / 23				16	14			
39							4 / 18			
9				24 / 13						
10			5 / 14			15 / 10			22	7
		28 / 35						4 / 13		
	13 / 11			6 / 6			17			
13			11			40	7 / 8			4
10			13 / 8					8		
	14 / 4				10 / 10			7 / 4		
14				4 / 22			4 / 10			
3			21 / 30						9	23
		16			15 / 11			7		
		27 / 6					3	11 / 6		
	11			34						
	12				7					

Puzzle 132

Solution en page 161

		6	30					32	23	
	3 ▷				7	45	14 ▷			
	12 ▷		10 ▷ / 3				16 ▷			
	17 ▷						13 ▷ / 16			
	4	29 ▷ / 39							37	
7 ▷				17	30 ▷ / 45					11
12 ▷			35 ▷ / 6							
	29 ▷							3 ▷ / 15		
	4 ▷ / 12			14 ▷			16 ▷ / 3			
13 ▷			26	25 ▷ / 15						4
40 ▷								11 ▷ / 25		
	13 ▷					9	8 ▷ / 4			
		24 ▷ / 9							12	
	3 ▷			22 ▷						
	4 ▷			4 ▷			4 ▷			
	10 ▷						10 ▷			

111

Puzzle 133

Solution en page 162

	3	33		8	5				28	23
3			4 / 14						17	
27						11	4	15		
	4				4			9 / 27		
	12 / 15			34	17 / 17					
12			16 / 9				14 / 27			
33						13 / 8			4	15
	9	12 / 13			28 / 6					
5			21 / 19					7 / 7		
32						14 / 14			22	7
		8 / 32			20					
	10			9	7 / 14			3 / 22		
	20 / 23						16			
17			12			14	11 / 7			4
16					25					
11					6			6		

Puzzle 134

Solution en page 162

Puzzle 135

Solution en page 162

		45	30		16	8			21	10
	14 / 16			15 / 17			25	4		
37								14 / 3		
17					9					7
	19				20 / 22					
	16 / 6			14 / 12				3 / 8		
4				11					45	
8				32						21
12			13	37	20	10		16		
	19							14		
	9	29 / 29						6 / 30		
14		17 / 16				17 / 24				
20						22				14
	21 / 6			16	19 / 17					
13			41							
7				17			12			

Puzzle 136

Solution en page 162

		9	3			20	32		34	14
	3 \ 15			12	16			10 \ 7		
20					20 \ 3					
7			23 \ 6							4
	11 \ 22				16 \ 5					
	9 \ 10			8 \ 11			10			
11				13 \ 11			3 \ 10			
16		9 \ 11				10 \ 14				
	11 \ 28				14 \ 8			15	10	
	11 \ 14			10 \ 15			17			
9			16 \ 24				4 \ 10			
15		10 \ 17			12	13 \ 9				
	10			7 \ 24				21	4	
	29 \ 17					8 \ 16			
35					20					
12			14				17			

Puzzle 137

Solution en page 163

		35	9			6	14			
	13 / 7				13 / 16				38	16
6				8 / 8				10 / 14		
8			3				21 / 16			
12			11 / 21			17				
	13					24 / 16				5
	6			8			4	6 / 26		
	10			4	20 / 21					
	6	34 / 38							38	
23						32	15			
12			22	14 / 14			3 / 16			
	21				17					7
	14 / 10				16			10		
16				9	10 / 17			3 / 13		
17			17				21			
			16				10			

Puzzle 138

Solution en page 163

	11	17				7	11		45	17
13			11		7 ▷ 17			16 14		
23				34 ▷ 17						
	17	14 ▷ 16				13	15 ▷			10
16			19 ▷ 11					12 ▷		
21				16 ▷ 13			9	4 ▷ 3		
		12 ▷ 45				13 ▷ 8				14
	9 ▷ 14			23 ▷ 5						
8			10	7 ▷ 15			11	10 ▷ 23		
22						14 ▷				
	23 ▷ 12				3	16 ▷ 27			14	4
13				10 ▷			15 ▷ 15			
16			12	15 ▷				9 ▷ 14		
	13 ▷ 4			4	18 ▷ 13				10	7
23							23 ▷			
8			10 ▷					3 ▷		

Puzzle 139

Solution en page 163

	22	11		14	8		23	6		
12			6 / 15			13				
33					8 / 7			14	16	
8				12 / 14			15			
	4		9 / 18			20	13 / 21			
	9	13 / 16			10					
4		16 / 31		14 / 8						
26			7 / 13				17	19		
13			12 / 23		22 / 6					
	24			25 / 23						
	17 / 22		11		3 / 27					
	14 / 7		17 / 11			26				
14			12 / 9		17		23			
8		12 / 8		12	22 / 4					
	9		21							
	4		8		15					

Puzzle 140

Solution en page 163

		40	10			38	15		36	8
	6 / 13			4	11			6		
22					9			14 / 9		
10				13 / 7						
	4 / 6			4			12			12
9			20	11			29	15		
22				22	11			13		
	15			16 / 44				8	41	
	42									
	5	30	16			8				11
4			13			5	17			
8			10	4				3 / 24		
	17			10 / 21			16 / 17			4
	24 / 4					16				
8			10			23				
3			15				13			

Puzzle 141

Solution en page 164

			20	6				21	29	
		6 / 37					17			
	20				8	21	6 / 11			23
	7 / 17			34 / 8						
17			18					17		
7			11 / 6					16 / 5		
16				3	9	3			37	10
	11 / 12					4	20 / 14			
6			18 / 12					3 / 7		
17				28	14					10
	23	16 / 24			17	8	10 / 9			
16			28					6		
8			15 / 8					11 / 20		
24							14 / 14			
	13					16				
	4					16				

Puzzle 142

Solution en page 164

	16	33		13	16				39	42
9			12			8		4		
16			17 \ 8				10	6		
	19				4			11 \ 8		
	13 \ 6					28				
4					9	17 \ 6				
9			6	6 \ 11				15		
	36	15 \ 44					14	3 \ 10		
24					5	27 \ 11				
16			11 \ 23						27	15
3			18 \ 7					10		
16								15 \ 15		
28					13		7 \ 20			
7			10			22 \ 7				6
11				23				10		
6					6			6		

Puzzle 143

Solution en page 164

	16	29		24	3			16	36	
13 ▷			4 ▷			12	13 / 4 ▷			
10 ▷			31 / 15 ▷							16
	21 ▷				6 / 13 ▷			8 / 9 ▷		
	24 / 3 ▷					14	22 ▷			
6 ▷				13 ▷			13 / 18 ▷			14
3 ▷			3		7 ▷			14 ▷		
	8 ▷			8	9 / 21 ▷			8 / 7 ▷		
	7	23 / 36 ▷							32	
14 ▷			4 ▷				13 ▷			12
4 ▷			13 / 6 ▷			7		17 ▷		
	5 / 6 ▷			9 ▷			20	4 / 6 ▷		
14 ▷				13	11 / 5 ▷					
10 ▷			9 / 5 ▷			18 / 4 ▷				12
	24 ▷							6 ▷		
	3 ▷				5 ▷			13 ▷		

Puzzle 144

Solution en page 164

	5	29			24	10			44	3
4			17	17			6	3		
14				7 / 9				11 / 23		
	17 / 4					11				
11			16 / 14				8			28
14							22 / 14			
	9			24		14 / 13				
	12	16 / 38			10 / 4			17		
5			15					15 / 14		
3			5 / 27			10			36	
26							16			9
14						26	10 / 8			
	16			10	14			16 / 14		
	19 / 14				17 / 5					15
7			6				19			
15				13				17		

Puzzle 145

Solution en page 165

		15	17					13	6
	11 ▷					3	10	4 / 20	
	16 / 7				27 / 3				
5 ▷			35	15 / 11					
15 ▷						8	8 / 32		
	16 / 31			16 / 17				33	23
	16 / 17			17 / 15			16 / 31		
25 ▷					11 ▷				
22 ▷					22 / 4				
10 ▷					26 / 16				
16 ▷			16 ▷				16 / 7		
		26	8 / 16		15 / 16			24	12
	4 ▷			10	29 / 9				
	30 / 5							11 / 16	
33 ▷							9 ▷		
8 ▷							15 ▷		

Puzzle 146

Solution en page 165

Puzzle 147

Solution en page 165

		45	25		10	29		17	28	
	17			14 / 22			16 / 15			
	38									7
	22			17 / 25				7		
	26 / 26						7	12		
6				13 / 5				6 / 11		
15			12			14			45	
17			4				8			27
7			15			25	8	10		
	16			11	14			17		
	13	9 / 20			3 / 26			14		
14			17				19	4 / 12		
3				33 / 4						
4			4 / 8			18 / 14				
	40									
	6			13			9			

Puzzle 148

Solution en page 165

	10	28			15	26			18	6
16			16	12				3 / 13		
11				17			16 / 8			
	14 / 4				20 / 7					5
12			14	15 / 13				3		
15							16	9 / 7		
	17	16 / 8			21	14 / 11			17	
11			22							8
9			5	15 / 14			10	11		
	24							13 / 4		
	16	12 / 31				5 / 10			24	11
10				7	15 / 13					
17			18 / 6					16 / 16		
	16 / 6					12	10			6
8				14			12			
11				5				12		

Puzzle 149

Solution en page 166

	21	38				27	19		24	12
12				14	15 / 24			4		
7			27					16 / 15		
14			38 / 6							
	9			17 / 6			10			13
	10 / 8				27		9	12 / 9		
4			13			13 / 10				
16			12	18					43	
	6			12 / 13			12			9
	4	22 / 25					10	4		
14					5			15 / 5		
3			10		22	17 / 21				
	4			7 / 23			4 / 5			19
	37 / 3							16		
8			26					8		
4			16					11		

Puzzle 150

Solution en page 166

Solutions

Solution Puzzle 1

			9	13	3			29	11	
		17/22 ▸	6	9	2	6	13 ▸	8	5	
	27 ▸	15/12 ▸	5	3	4	1	2	7/15 ▸	5	2
20 ▸	9	3	8	15		17 ▸	4	5	7	1
30 ▸	7	6	9	8	6	10	19/14 ▸	7	9	3
6 ▸	5	1	31 ▸	7	4	9	8	3		
8 ▸	6	2		9 ▸	2	1	6			

Solution Puzzle 2

	10	30		16	17			17	14
12 ▸	4	8	17/10 ▸	9	8		11 ▸	6	5
25 ▸	6	9	1	7	2	24	16/11 ▸	7	9
	12/8 ▸	7	5	23/20 ▸	7	9	3	4	
	22/16 ▸	5	6	4	7	9/7 ▸	8	1	14
9 ▸	7	2		30 ▸	8	4	7	5	6
10 ▸	9	1		8 ▸	5	3	10 ▸	2	8

Solution Puzzle 3

	29	20				12	23		
10 ▸	4	6	17	8	12 ▸	7	5	3	
28 ▸	8	9	7	4	22	8/19 ▸	5	1	2
36/11 ▸	7	5	6	1	8	9	4/9 ▸	3	1
3 ▸	2	1	37/17 ▸	4	3	9	7	6	8
20 ▸	9	3	8		14 ▸	5	3	2	4
	15 ▸	6	9				3 ▸	1	2

Solution Puzzle 4

		13	27	14	15			18	23
	29 ▸	5	7	9	8		8 ▸	2	6
	11/28 ▸	2	3	5	1	28	16 ▸	7	9
23/10 ▸	9	6	8	13/13 ▸	6	7	11/15 ▸	3	8
5 ▸	1	4	17 ▸	9	8	18/9 ▸	8	4	6
14 ▸	6	8		28 ▸	4	7	9	8	
10 ▸	3	7		10 ▸	1	2	4	3	

Solution Puzzle 5

	11	27		24	29		26	24	
3 ▸	2	1	16 ▸	7	9	16 ▸	7	9	
17 ▸	9	8	17/10 ▸	9	8	15	12 ▸	9	3
	25 ▸	7	2	8	5	3	6/8 ▸	2	4
10 ▸	6	4	25 ▸	7	4	1	8	5	12
	4 ▸	3	1		4 ▸	1	3	4 ▸	1	3
	5 ▸	2	3		11 ▸	7	4	11 ▸	2	9

Solution Puzzle 6

	13	34		21	20			15	35	
17 ▸	8	9	17 ▸	9	8		3 ▸	1	2	7
8 ▸	5	3	16/28 ▸	7	9	30	7 ▸	2	4	1
	20/6 ▸	2	4	5	1	8	23/19 ▸	9	8	6
19 ▸	4	7	8	27 ▸	2	9	8	3	5	14
14 ▸	2	5	7	16 ▸	7	9	16 ▸	7	9	
	17 ▸	8	9	8 ▸	6	2	14 ▸	9	5	

Solution Puzzle 7

		11	13		10	13			
	13▸	8	5	6▸	2	4	16	23	14
	22	$\frac{4}{15}$▸	3	1	$\frac{31}{16}$	4	9	7	8	3
12▸	7	5	$\frac{13}{3}$	7	5	1	$\frac{22}{14}$	9	6	7
19▸	9	8	2	$\frac{10}{4}$	1	3	6	$\frac{13}{16}$	9	4
19▸	6	2	1	3	7	16▸	7	9		
			4▸	1	3	8	1▸	7		

Solution Puzzle 8

			9	27	3			15	33	
		$\frac{9}{19}$	1	6	2	3	12	7▸	5	
	$\frac{19}{6}$▸	3	6	7	1	2	$\frac{17}{14}$	8	9	11
12▸	4	1	2	5	$\frac{4}{5}$	1	3	$\frac{7}{21}$	4	3
8▸	2	6	$\frac{13}{14}$	9	4	$\frac{23}{3}$	2	6	7	8
	7▸	2	5	23▸	1	2	5	7	8	
	16▸	7	9		13▸	1	4	8		

Solution Puzzle 9

	16	26			4	9			23	22
9▸	7	2	6	$\frac{4}{8}$▸	3	1		10▸	1	9
31▸	9	7	5	3	1	6	11	7▸	2	5
	$\frac{14}{7}$	9	1	4	$\frac{6}{6}$	2	4	$\frac{14}{10}$	6	8
5▸	4	1	3	1	2	$\frac{11}{11}$	2	6	3	14
6▸	2	4		36▸	3	8	5	4	7	9
4▸	1	3		4▸	1	3		9▸	4	5

Solution Puzzle 10

	23	34			37	28			39	8
7▸	6	1		17▸	8	9	3	$\frac{16}{6}$	9	7
15▸	9	6		22▸	7	3	2	4	5	1
11▸	8	3	5	$\frac{23}{9}$	9	7	1	2	4	18
	$\frac{27}{16}$	7	2	8	4	6		17▸	8	9
28▸	7	9	3	1	6	2		14▸	6	8
17▸	9	8		4▸	3	1		8▸	7	1

Solution Puzzle 11

		17	26	4				10	13
	$\frac{13}{7}$	4	8	1	6		$\frac{8}{28}$	1	7
	16▸	1	2	6	3	4	$\frac{23}{26}$	8	9	6
	22▸	6	7	9	$\frac{13}{15}$	2	7	4	3	
	14	$\frac{12}{6}$▸	1	3	8	$\frac{8}{7}$	5	2	1	
15▸	8	4	3	21▸	7	1	6	5	2	
8▸	6	2			23▸	6	8	9		

Solution Puzzle 12

		6	16			16	6	20	
	10	$\frac{14}{23}$▸	5	9	19	17	9▸	3	5	
25▸	9	6	1	7	2	$\frac{12}{17}$	7	2	3	
4▸	1	3	8	12	8	4	3▸	1	2	12
	4▸	1	3	$\frac{16}{7}$	9	7	4▸	$\frac{6}{12}$	1	5
	7▸	4	1	2	27▸	6	1	4	9	7
	18▸	9	4	5		11▸	3	8		

Solution Puzzle 13

		17	24	22		7	29	
	19\34	9	8	2	15▸	6	9	7
29\9	9	8	7	5	26	8▸ 1	5	2
7▸ 1	6	23▸ 9	6	8	17	11▸ 7	4	
6▸ 2	4	8	23▸ 9	6	8	7\10	6	1
19▸ 6	8	5		13▸ 7	3	1	2	
10▸ 7	3		20▸ 5	6	9			

Solution Puzzle 14

	12	38		14	17		9	14	23
8▸ 2	6	12▸ 9	3	13\16	5	6	2		
15▸ 6	9	28▸ 5	6	2	4	8	3	24	
10▸ 3	7		5▸ 1	4		16▸ 7	9		
6▸ 1	5	11\16 3	2	1	11	11▸ 6	5		
27▸ 3	4	7	5	6	2	3▸ 1	2		
24▸ 8	7	9	12▸ 3	9	12▸ 4	8			

Solution Puzzle 15

		24	15		19	9		19	10
	10▸ 7	3	12▸ 4	8	4▸ 1	3			
	17\25	9	8	4\21	3	1	15▸ 9	6	
	31\23	9	8	4	3	7	23▸ 6\11 5	1	
8▸ 6	2		32\16 9	5	8	6	4		
14▸ 8	6	17▸ 9	8	7▸ 6	1				
17▸ 9	8	8▸ 7	1	13▸ 9	4				

Solution Puzzle 16

	15	27		29	15			23	37	
8▸ 6	2	17▸ 9	8	16	17▸ 8	9	4			
16▸ 9	7	21\22 5	7	9	19\17 9	7	3			
15\15	3	4	8	18\10 7	2	5	3	1		
24▸ 8	1	2	7	6	11\4 4	1	6	10		
21▸ 7	5	9	10▸ 4	1	5	17▸ 8	9			
16▸ 9	7		9▸ 3	6	5▸ 4	1				

Solution Puzzle 17

	27	12	20		3	16		
16▸ 4	7	5		10▸ 1	9	18	23	
22\23 9	5	8	17▸ 22\8	2	7	4	9	
16▸ 9	7	19▸ 7	9	3	23	8▸ 2	6	
13▸ 8	5	13▸ 19\9	8	5	6	9\6 1	8	
13▸ 6	2	4	1	21▸ 9	4	8		
17▸ 9	8	13▸ 8	2	3				

Solution Puzzle 18

		39	13		21	23		14	37	
16▸ 7	9	8▸ 2	6	14▸ 5	9					
12\10 8	4	3\14 1	2	10\16 3	7	16				
10▸ 6	4	41\16 8	5	4	7	6	2	9		
42▸ 4	5	8	6	3	7	9	13\5 6	7		
16▸ 9	7	5▸ 4	1	12▸ 4	8					
7▸ 6	1	9▸ 6	3	6▸ 1	5					

Solution Puzzle 19

	36	27						29	38
15	7	8			16	17	10	7	3
16	9	7	16	13/21	5	8	15/15	8	7
23	8	6	9	39/9	8	7	9	6	4 · 5
34	5	1	7	8	9	4	23	9	6 · 8
8	6	2	5	1	4			7	1 · 6
4	1	3					12	3	9

Solution Puzzle 20

	35	12		25	30			38	25
17	8	9	6/8	5	1		4/4	3	1	
20/23	2	3	1	8	6	18	3	8	7
4	1	3	22/5	7	6	9	14/4	1	5 · 8
21	8	9	4		3	4	1	16/5	7 · 9
12	5	6	1	20	2	8	3	1	6
16	9	7		3	1	2	13	4	9

Solution Puzzle 21

	12	12		4	22		11	3
7	4	3	6/12	1	5	3	2	1
9	8	1	11/25	7	3	1	10/11	8 · 2
13/11	2	6	5	12/10	9	2	1	
18/4	8	6	4	19/13	9	7	3	4
3	1	2	17	7	9	1	6	5 · 1
4	3	1	12	8	4	4	1	3

Solution Puzzle 22

	36	8	10				17	36	27
21	9	7	5			18	8	4	6
9/14	6	1	2	7	6	23	9	6	8
11	3	8	6	3	1	2	24	6	2 · 4
7	5	2	4	19	6	4	9	16/11	7 · 9
7	2	4	1		22	8	5	9	
14	4	7	3		21	7	6	8	

Solution Puzzle 23

	38	22		7	8			39	22
4	3	1	4/11	3	1		16	9	7
18	6	5	1	4	2	10	17/24	8	9
24/9	7	9	8	31/11	5	7	9	4	6
18	1	5	7	2	3	9/14	1	3	5
15	6	9		18	1	5	2	4	6
10	2	8		16	7	9	15	8	7

Solution Puzzle 24

	39	9					19	30	
16/26	9	7				17	8	9	11
10	3	5	2	16	5	13	13/11	6	4 · 3
13	6	7	35/19	9	3	8	7	5	1 · 2
35	8	6	3	7	2	5	4	7/4	6 · 1
20	9	4	7			16	3	8	5
	17	8	9			3	1	2	

Solution Puzzle 25

		21	29		30	4		
	17▸ 8	9		3▸ 2	1	18	7	
	7/20	4	3	14	25/10 9	3	7	6
32/12 3	9	1	5	6	8	4/8	3	1
15▸ 7	8	39/8	6	9	4	7	5	8
29▸ 5	9	7	8		4▸ 3	1		
	3▸ 1	2		3▸ 1	2			

Solution Puzzle 26

		15	21		11	8	29	
	10/23 6	4	12	22	9	5	8	
	28/17 4	9	8	7	6/24	2	3	1	9
11▸ 8	3	17▸ 9	1	7	17	16	9	7
16▸ 9	7	7	17/6	4	8	5	8/14	6	2
12▸ 8	3	1	23▸ 9	3	6	5		
10▸ 1	4	5	17▸ 9	8				

Solution Puzzle 27

		27	14		21	28		24	25
	7▸ 2	5	13/14 6	7		14▸ 6	8
	29/26 5	9	8	3	4	13▸ 7	6
14▸ 6	8	10▸ 6	1	3	16	3▸ 1	2
4▸ 3	1	20▸ 5	8	7	11/16 2	9
12▸ 8	4	28▸ 4	5	9	7	3
16▸ 9	7	3▸ 2	1	14▸ 9	5

Solution Puzzle 28

		20	17		34	23		
	16▸ 7	9	17/16 8	9	16		
	10/5 2	8	26▸ 3	6	8	9	15	8
9▸ 1	8	3	23/9 2	4	6	7	1	3
28▸ 4	3	1	5	6	9	12/8 7	5
	14▸ 2	1	4	7	3▸ 1	2
	4▸ 3	1	12▸ 7	5

Solution Puzzle 29

	14	20				25	28	8
14▸ 5	9	22		15▸ 7	6	2
7▸ 1	4	2	24	14	22/16 9	7	6
43▸ 8	7	1	5	6	9	4	3	11	15
	44/5 6	9	8	7	5	4	3	2
7▸ 1	4	2		13▸ 8	1	4
21▸ 4	9	8		16▸ 7	9

Solution Puzzle 30

	35	8		38	26		29	16
16/5 9	7	7/3	6	1	14/4	5	9
24▸ 4	3	1	2	9	5	18▸ 3	8	7
6▸ 1	5	8/8	1	3	4	8/16 1	7	4
6/16 4	2	23▸ 8	6	9	3/14	2	1
21▸ 7	8	6	32▸ 5	2	7	9	6	3
15▸ 9	6	15▸ 7	8	6▸ 5	1

Solution Puzzle 31

	6	18			11	4			6	11
9	2	7	6/22	5	1	24	12/19	5	7	
13	4	9	29/10	8	6	3	5	2	1	4
	12	2	7	3		17	9	8	13	
17	3/7	1	2	4	17/10	7	9	1	17	
32	8	5	2	9	1	4	3	15	7	8
11	9	2		9	3	6		14	5	9

Solution Puzzle 32

	15	34			13	14			34	12
17	8	9	8/9	5	3		6	2	4	
11	7	4	22/15	5	8	9	15	15/7	7	8
	12	5	6	1	10/10	2	4	1	3	
	20/16	7	9	3	1	13/13	2	6	5	3
17	9	8		24	7	8	9	9	8	1
8	7	1		7	2	5		11	9	2

Solution Puzzle 33

		35	13	12				14	25	
	18	7	8	3	20		8/16	6	2	
	21/16	4	5	9	3	18/9	9	8	1	17
16	7	9		16/12	8	1	7	16	7	9
14	9	5	22/8	8	9	5	6	12/9	4	8
	19	8	7	4	12	3	2	1	6	
	3	2	1			17	4	8	5	

Solution Puzzle 34

		14	20		25	31			13	8
	16	9	7	10	2	8		6	4	2
	13	5	8	7/3	6	1	14	14/27	8	6
		29/6	3	2	5	4	8	6	1	
	32/11	3	2	1	4	7	6	9	4	
10	8	2		3	1	2	5	4	1	
4	3	1		16	7	9	11	8	3	

Solution Puzzle 35

		17	16			26	11	5		
	10	3	7	17	7	2	4	1	20	
	22/11	5	9	8	28/13	9	7	4	8	15
3	2	1	21	9	4	8	13	9	2	7
11	9	2	16	18/14	3	7	8	14/12	6	8
	28	6	9	8	5	12	5	4	3	
	14	7	6	1		9	8	1		

Solution Puzzle 36

		23	26			20	13	15		
8	6	2		12	7/27	1	4	2	35	
16	9	7	24	3	1	2	9	4	5	
11	8	3	19/17	9	7	3	16/6	9	7	15
	16	9	7	13/8	5	6	2	16	9	7
	26	5	1	2	6	8	4	13	8	5
		23	9	6	8			9	6	3

Solution Puzzle 37

	35	15			17	25		23	7
15▸	8	7		17▸	8	9	10▸	6	4
8▸	2	6	17▸	10/28	2	8	5▸	3	2
22/23	4	2	3	5	1	7	8/13	7	1
15▸	6	9	33▸	5	8	6	1	9	4
16▸	9	7	8▸	2	6		3▸	1	2
13▸	8	5	16▸	7	9		4▸	3	1

Solution Puzzle 38

	6	22			34	27		24	11
12▸	4	8		7▸	3	4	3/15	1	2
11▸	2	9	22	30▸	4	2	7	8	9
6▸	5	1	28/17	5	6	8	9	10	
	29/17	9	8	7	5	7▸	6	1	12
31▸	8	5	9	6	3		16▸	7	9
16▸	9	7	16▸	9	7		5▸	2	3

Solution Puzzle 39

	25	21			17	28	7	37	
9▸	7	2		27/11	8	9	4	6	
13▸	8	5	29/19	8	9	4	1	7	15
5▸	4	1	4/23	1	3	26/17	8	2	9	7
27▸	6	4	8	9	16/17	9	7	5▸	4	1
33▸	3	6	7	9	8		8▸	3	5
25▸	6	9	2	8			10▸	8	2

Solution Puzzle 40

	7	22			5	19			24	17
4▸	3	1		8/15	1	7		16▸	7	9
6▸	4	2	21/6	8	4	9	14	10/11	2	8
	15▸	5	4	6	14/20	3	2	4	5	
	15/4	4	2	1	8	11/16	3	7	1	8
10▸	3	7		21▸	5	7	9	13▸	6	7
4▸	1	3		16▸	7	9		4▸	3	1

Solution Puzzle 41

	12	16		10	11			27	10	
17▸	8	9	4▸	1	3	14	6▸	5	1	
7▸	4	3	16/27	2	8	6	16/13	7	9	
	13▸	4	6	3	16/14	8	2	6	19	
	15/13	5	4	6	22/12	6	9	7	9
	15▸	8	7	21▸	8	9	4	16▸	9	7
	14▸	5	9		4▸	3	1	5▸	3	2

Solution Puzzle 42

			15	8			7	4	19	
		6▸	1	5	14	15▸	5	3	7	
	5▸	13/22	9	3	1	6/21	2	1	3	11
11▸	4	2	5	10▸	4	6	3/18	1	2	
7▸	1	6	10	17/4	9	8	20/14	3	8	9
	9▸	5	3	1	24▸	7	9	8		
	19▸	9	7	3		12▸	5	7		

Solution Puzzle 43

		12	19				9	19	22
	14/31►	5	9	21		8►	1	2	5
10►	2	1	3	4	6	24►	8	7	9
33/8►	8	6	7	9	3	19►	9/10	1	8
8►	1	7	3	31►	8	2	9	7	5
8►	2	5	1		14►	1	7	2	4
16►	5	9	2			4►	3	1	

Solution Puzzle 44

		26	17				18	23	33	
	9►	1	8			18►	6	9	3	
	12/10►	3	9		10►	24/15►	7	8	9	12
9►	7	2	23►	39/10►	9	8	5	6	4	7
23►	3	4	6	2	1	7	13/10►	8	5	
21►	7	9	5			16►	9	7		
20►	9	8	3			3►	1	2		

Solution Puzzle 45

		38	11	14			14	27	
	12►	7	2	3		16►	9	7	
	9/16►	3	5	1	6	3	8/16►	5	3	5
33►	7	5	4	6	1	2	8	4/18►	1	3
15►	9	6	28/6►	4	5	1	3	7	6	2
	11►	9	2			8►	1	5	2
	12►	8	4			18►	4	6	8

Solution Puzzle 46

		35	10				15	26	23
	13►	9	4			11►	22/4►	9	6	7
	14/24►	8	6		18/14►	5	1	6	2	4
14►	8	6	15/11►	8	4	3	4►	1	3
16►	9	7	6/4►	3	1	2	17/11►	8	9
23►	6	3	1	8	5		6►	2	4
6►	1	2	3				14►	9	5

Solution Puzzle 47

		6	37		21	24			29	29	
3►	1	2	16►	9	7		16►	7	9	
14►	5	9	13/27►	8	5	29►	15►	9	6	
	28►	5	7	4	3	9►	7/12►	5	2	
	10►	7	3	28►	9	7	1	8	3	15
	14►	6	8		9►	5	4	17►	8	9
	17►	8	9		15►	8	7	7►	1	6

Solution Puzzle 48

		30	12			31	7			
	17►	9	8	15/27►	9	6	9	24	22	
	9/21►	5	4	28►	9	7	1	3	2	6
17►	9	8	16►	13►	8	5	23►	6	8	9
12►	4	1	7	15/7►	7	8	13/13►	6	7	
30►	8	7	9	3	1	2	5►	4	1	
				6►	4	2	16►	9	7	

Solution Puzzle 49

	25	14			13	14	15		
16	7	9	13	24/7	9	8	7	35	
42/5	1	5	7	2	4	6	8	9	10
8	2	6	11	6	5	10	6	14	8	6
12	3	9	14	10	4/3	3	1	11/11	7	4
36	2	8	3	1	7	5	4	6	
	15	6	7	2		12	7	5	

Solution Puzzle 50

	15	29			37	22		4	22	
3	1	2	3	9	7	2	7	3	4	
10	4	5	1	11/16	8	3	4/9	1	3	21
36	8	9	2	7	4	5	1	7/3	2	5
6	2	4	39/7	9	6	7	8	1	5	3
4	1	3	13	9	4	7	2	1	4	
12	8	4	4	3	1		16	7	9	

Solution Puzzle 51

	29	26			24	14			3	15
8	5	3		9/12	3	6		10/9	2	8
10	8	2	23	9	6	8	10/3	2	1	7
16	9	7	4	3	1	9/22	2	7	18	7
12	7	5	30	11	2	8	1	3	2	1
	15	9	6	13/16	4	9	16	10/21	4	6
		41	2	7	8	5	9	4	6	15
	4	17/34	8	9		22	7	6	1	8
20	3	8	9	10			15/6	3	5	7
15	1	7	4	3	15	3/34	2	1		
	34/6	6	1	7	8	3	4	5	35	
6	2	4		12/12	5	7	10	2	8	27
13	4	9	13/9	5	2	6	8	16	7	9
	6	13/9	6	7	3/12	1	2	10	6	4
14	5	6	3	21	7	8	6	17	9	8
4	1	3		14	5	9		11	5	6

Solution Puzzle 52

	16	45			6	19		17	31	
16	7	9	9	11	2	9	14/13	9	5	
24	9	8	7	33	4	7	5	8	9	17
	8/15	6	2	23	11/12	3	8	14	6	8
9	6	3	16/5	9	7			13/13	4	9
26	9	4	2	6	5	18	9/9	2	7	
	16/9	5	3	8	9	3	5	1	45	
6	4	2	10		22/9	9	4	6	3	13
8	5	1	2	7/16	1	6	15	4	2	9
	25	7	3	9	6		13	5/9	1	4
	13/18	4	7	2	22/16	7	6	9	8	
	4/11	3	1		17	7	1	3	4	2
4	3	1		15	14/14	9	5	14/4	8	6
13	8	5	16/7	9	7	16	9	3	6	12
28	7	2	6	4	9	11	1	7	3	
	7	2	5	10	3	7		14	5	9

Solution Puzzle 53

		15	6		11	13		26	38	
8	3	5	16/10	7	9	17	8	9	3	
21/6	5	1	8	3	4	18/16	9	7	2	
7	5	2	3/20	2	1	16	7	2	6	1
8	1	4	3	17	21/11	9	7	5	5	
6	1	5	9/21	8	1		11/14	8	3	
8	21/14	8	1	9	3	10/24	5	3	2	
19	1	5	4	9	20/24	5	6	9	16	7
16	7	9	25/10	8	6	2	9	8/27	7	1
16	16/34	6	3	7	27/6	4	8	9	6	
16	7	5	4	17	2	1	5	9	27	
17	9	8	25	14/17	9	5	10	6	4	16
23/13	6	9	8		13	13/17	4	2	7	
16	4	2	1	9	12/11	4	8	17/17	8	9
20	9	4	7	35	5	7	9	8	6	
17	9	8	8	6	2	16	9	7		

Solution Puzzle 54

		9	41		12	22			20	38	
4	3	1	15	7	8		4	1	3		
8	6	2	14/10	5	9	36	16	9	7		
16	9	7	6/17	5	1	14/12	8	6			
16/6	7	1	8	12	4	1	2	5	16		
22	3	8	2	9	13/37	8	5	16	9	7	
8	2	6		7	1	2	4	17/16	8	9	
6	1	5	7	18	4	3	2	9	37		
4	3	1	16/20	9	7	10	7	3	18		
5	26/32	6	8	7	5		3	2	1		
6	2	4	11	2	3	6	6	17/18	9	8	
11	3	8	10/14	4	6	18	2	1	6	9	
15	3	1	6	5	19/24	4	8	7			
11	7	4	11	2	9	14/7	9	5	7		
16	9	7		14	8	6	3	1	2		
3	1	2		8	7	1	9	4	5		

Solution Puzzle 55

		17	45	24			11	17		
24	9	7	8	3		14	5	9	28	
14	8	1	3	2	22	23	6	8	9	13
10	3	4	1	2	19	9	15	8	7	
17/8	8	9	20	7	8	5	10/16	4	6	
7	5	2	6	22/3	1	2	3	9	7	
37	3	6	4	2	5	9	1	7	45	5
11/15	5	2	1	3	38		12	8	4	
16	7	9		12	4	8	4	4/13	3	1
12	8	4	17	21	26/18	6	3	8	9	5
43/25	8	6	3	9	1	5	7	4		
35/17	8	9	7	6	5		5/10	4	1	
16	9	7	24	8	9	7	4/12	3	1	
17	8	9	13	6	11	3	5	1	2	6
15	1	9	5		20	7	2	6	5	
5	4	1		10	4	5	1			

Solution Puzzle 56

		30	16	9			12	13	16	
8	5	1	2	30	15	3	5	7		
28	8	9	4	7	23/21	6	8	9		
25	1	4	3	8	7	2	43	26		
23	9/37	7	2	25/24	9	5	1	4	6	
20	6	5	9	22/13	7	6	9	4	1	3
17	8	9	14	6	8		14/8	6	8	
16	9	7	16/8	7	9		18	1	8	9
11/27	4	7		20	16/16	7	9	22		
7	4	2	1		10	3	7	16	7	9
7	6	1		12	17/29	8	9	13/19	5	8
14	8	6	23/20	6	8	9	9/15	1	3	5
22	9	3	1	4	5	3/8	1	2		
4	31/9	4	2	9	5	8	3			
19	3	7	9	22	7	2	4	9		
9	1	2	6		7	1	2	4		

Solution Puzzle 57

	17	7		30	5		14	5	38	23
13	9	4	9/24	8	1	26	9	4	5	8
31	8	3	9	7	4	15	5	1	3	6
		17/12	8	9		11	8	16/15	7	9
	17/12	4	7	6	15	4	3	6	2	
5	3	2			24/6	2	5	9	8	4
14	9	5	8	6/6	1	5		7/17	4	3
	12	1	2	4	5		18/14	8	9	1
	9	3/42	1	2		16/5	9	7	14	
12	1	6	5		11/19	1	5	2	3	9
17	8	9	3	13/10	9	4		4	1	3
	22	8	1	9	4		26	10/11	4	6
	13/22	4	2	1	6	17	9	2	6	
16	9	7	6	3		4/16	3	1	11	4
11	5	3	2	1	29	7	6	8	5	3
19	8	5	4	2	17	9	8	7	6	1

Solution Puzzle 58

	12	26	22	24	5		10	11		
33	8	5	9	7	4	10	2	8		
16	4	3	6	2	1	4/13	1	3	38	23
	14/4	4	7	3	16/4	9	7	15	6	9
11	3	8	13	6	3	4		14/13	8	6
7	1	6	6/7	5	1		24/14	9	7	8
		6/32	5	1		13/7	6	4	3	15
	10/3	8	2		10/9	2	8	12	4	8
3	1	2		7/11	2	5		16/12	9	7
7	2	5	16/15	9	7		5/39	4	1	
	9/19	1	6	2		17/12	9	8	24	4
23	8	6	9		16/10	9	7	4	1	3
10	7	3		11/9	2	3	6	3/16	2	1
11	4	7	9/3	1	8	23/8	8	6	9	6
	6	1	5	15	2	5	3	4	1	
	5	2	3	30	6	4	7	8	5	

Solution Puzzle 59

	9	38		16	10		9	15		
4	1	3		5	2	3	7/20	5	2	7
15	8	7	9	32	6	1	7	4	9	5
	3	2	1	23/5	8	6	9	6/4	4	2
	18/16	9	8	1	12	7	4	3	10	13
8	3	5	9/26	4	5	12	7	1	2	4
17	8	4	5	10	7	3	16	16/23	7	9
22	5	8	9	15	23	9	7	6	1	
		17/23	8	9	6	10	9	1	40	18
	20/17	9	4	6	1	6	21	7	5	9
17	9	8	12	9	5	4	23/10	9	8	6
18	8	6	4	17	6	2	4	5/17	2	3
	4	13/12	8	5	9	22/18	6	9	7	
4	1	3	14/12	8	1	5	11	8	3	9
36	3	8	9	4	5	7		16	9	7
	4	1	3	9	3	6		8	6	2

Solution Puzzle 60

	10	31		14	27			10	23	
4	3	1	14	8	6		11	6	5	
16	7	9	7/9	6	1	6	4	3	1	
4	3	1	13	8	5	5/15	1	4	13	
	12/22	4	8	13/16	3	1	9	15/27	8	7
16	9	7	16	9	7	15	6	5	3	1
13	8	5	9/24	7	2	4	16/6	9	2	5
11	5	2	4	15	7/13	1	2	4		
	21	2	6	5	3	4	1	29	17	
8	24/27	7	9	8	29	13/14	8	4	1	
15	1	6	8	5	8	2	6	14	5	9
10	4	2	3	1	14/16	6	8	13/12	6	7
4	3	1	18/7	4	9	5	4	3	1	
	10	8	2	11	7	4	17/3	9	8	5
	4	3	1	11	9	2	6	2	4	
	11	7	4	4	3	1	4	3	1	

Solution Puzzle 61

	6	38					4	15		
3	2	1	22			3	1	2	18	12
11	3	2	6	12	6	25	3	6	7	9
18	1	6	4	5	2	25	8/4	4	1	3
	39	8	5	7	4	9	1	3	2	10
16/17	9	7		8/17	5	3	14	5	9	
14	9	5	11	12/23	8	4	11	4	3	1
42	8	4	5	6	9	7	3	16	43	
	17	3	6	8	19	18/6	2	9	7	7
	3	30	37	9	2	1	6	7	8	4
5	1	4		12/5	7	5		12/30	9	3
10	2	8	12/21	3	9	12	15/16	9	6	
39/17	9	4	2	1	5	7	8	3	16	
24	8	7	9	17	34	7	9	6	4	8
20	9	2	1	8			15	7	5	3
		16	7	9				6	1	5

Solution Puzzle 62

	16	34		31	3				37	13
7	1	6	11	9	2	9	17	9	8	
5	3	2	15/13	6	1	8	12/12	7	5	
9	4	5	5	4	1	10/4	1	4	5	13
14	6	8	17	9	7	1	14	8	2	4
11	2	9	17	11	8	3	15/6	6	9	
	12	4	8	17		5	4/18	1	3	13
	17	12/42	9	3	15/4	2	3	5	1	4
17	9	8	20/4	9	1	3	7	13/6	4	9
19	8	2	1	5	3	12	8	4	39	
	9/14	6	3		11	30	11	2	9	32
9	5	4	9	5	4	1	13	7	4	3
20	9	7	4	16/12	7	5	4	12	5	7
	21/12	9	5	7	16/11	7	9	15	7	8
8	3	5	19	5	6	8		17	8	9
10	9	1		14	5	9		11	6	5

Solution Puzzle 63

	15	45				12	20			
7	6	1		4	13/44	8	5			
11	9	2	25	23	3	9	4	7	20	
	7/21	5	2	4/16	1	3	13/29	8	5	5
30	6	9	8	7	16	7	9	7	6	1
28	5	8	6	9	10	2	8	13/16	9	4
19	3	7	9		20/38	4	7	9	45	37
6	2	4		30	1	6	5	7	3	8
4	1	3	15	14/26	6	8		3	1	2
28	4	6	8	3	2	5		15/27	6	9
	12	16/16	7	6	3		20/3	8	5	7
15	7	8	13	8	5	13	1	4	2	6
8	5	3	17/20	9	8	17/7	2	6	4	5
	12	5	7	15/4	9	6	16	9	7	10
		16	8	3	4	1		14	8	6
		6	5	1				13	9	4

Solution Puzzle 64

		9	10	7				13	15	
	7/3	1	4	2	14		4	1	3	8
22	1	2	6	5	8	13	21/12	9	5	7
8	2	6	16	30/6	6	5	8	3	7	1
	11/41	6	5	4	1	3			31	5
	14/10	6	7	1	5/24	4	1	4	3	1
6	1	2	3	10/11	7	3		10/8	6	4
14	9	5	17/5	9	8	17	10/14	3	7	
	37	7	4	2	9	3	6	5	1	8
	9/7	8	1		17/26	9	8	14/14	8	6
14	5	9		14/20	9	5	9/13	3	4	2
6	2	4	6	4	2	18	7	9	2	
	10	19	16/20	9	7	8/4	6	2	7	10
34	4	9	5	7	8	1	7	4/13	1	3
23	6	8	9		29	3	6	9	4	7
	8	2	6			7	1	4	2	

Solution Puzzle 65

	11	45			17	28		3	22	
3	2	1		13	9	4	4	1	3	
13	9	4	5	15/10	8	7	6/17	2	4	8
	20	8	3	9	14	5	9	5	2	3
	8/23	5	2	1	10/24	2	8	11/12	6	5
16	9	7		16	7	9	10/29	3	7	
4	1	3		18/30	8	1	7	2	45	
7	5	2	16/18	7	9	11	8	1	2	24
25	8	9	2	6		21/13	9	6	1	5
	15	6	1	8	7/35	2	5	7	3	4
		29/27	7	9	5	8		15	7	8
	11/14	3	8	7/5	4	3	15	11/5	4	7
6	5	1	12	4	8	21	8	4	9	
15	9	6	3/4	1	2	14/6	7	1	6	16
	12	9	3	8	7	1		12	5	7
	9	8	1	14	9	5		17	8	9

Solution Puzzle 66

	35	22		11	6			29	5
12	5	7	14	9	5	8	6	5	1
16/13	7	9	9/10	2	1	6	12/8	8	4
27	9	8	6	4	17	7	2	1	4
7	4	3	9/11	6	3	14	8	7	1	9
4/12	1	3	16	7	9	24	3	2	1
21	4	9	8	15/18	6	5	4	14/4	6	8
10	8	2	9/8	8	1	10	6	1	3
	13/37	7	6		8/21	5	3	32	16
	13/14	9	1	3	15/9	6	9	9/9	2	7
6	5	1	7	1	4	2	21	4	8	9
12	9	3	16	14	5	9	14/13	5	9	4
	14	5	9	17	11	4	7	6/20	5	1
	20/14	4	7	9	6	20/9	6	7	4	3
13	5	8	19	8	5	6	6	5	1
16	9	7		4	1	3	11	8	3

Solution Puzzle 67

	13	7				6	9		18	9
4	3	1			4/12	1	3	7/16	6	1
3	1	2	12	39/3	7	5	6	9	4	8
23	9	4	3	2	5		3/19	1	2	11
	7	10/20	9	1	17	23/16	3	6	5	9
3	1	2		23/10	8	9	6	3/18	1	2
12	4	8	35/13	6	9	7	8	5		
20	2	9	5	4		9	2	7	21	
	4	1	3	19			10/10	2	8	23
		7	4	3	14	24/5	7	4	5	8
	13	25/23	1	8	9	4	3	16	7	9
9	4	5	8/24	2	5	1	13	7/4	1	6
24	9	2	7	6		8/12	5	3	23	16
	11/3	3	8	14	26/3	7	8	1	6	4
27	2	4	9	6	1	5		13	8	5
10	1	9	10	8	2			16	9	7

Solution Puzzle 68

	31	22		12	35		12	45	
17	9	8	15	7	8	14	5	9	
16	7	9	14	5	9	10/7	7	3	23
5/4	2	3	12	7	6	1	17	8	9
12	1	5	2	4	13/13	7	6	8	2	6
11	3	8	21/10	7	9	5	15/4	7	8
	13/45	8	1	4	9	6/11	1	5	17
10/14	8	2	3	31/12	7	8	3	4	9
13	8	5	10/16	1	4	2	3	14/11	6	8
29	6	4	9	2	8	15	7/17	6	1
8/15	1	7		19/28	8	6	5	35	17
12	3	9		18/13	9	7	2	17/26	8	9
14	8	6	16	9	7	25	9	3	5	8
6	4	2	9/14	4	5	6	15	9	6
	16	7	9	9	4	5	17	8	9
	8	3	5	4	3	1	13	6	7

Solution Puzzle 69

		7	39		16	13	28		
	9	2	7	22	9	8	5	9	13
	12/18	4	8	20/13	7	5	3	1	4
10/4	3	1	4	2		23/4	6	8	9
11	3	8	13/22	9	4	9	1	8	24
21	1	7	2	5	6	13/10	3	4	6	4
	21/23	5	6	1	9	12/16	2	7	3
	17	8	9	7	8	1	7	6/27	5	1
	11/4	4	6	1	13	21	9	8	4
10	3	7	15/22	6	9	30	6/21	4	2
9	1	3	5	22/13	4	6	3	9	15	12
	11	1	2	8	35	7	5	6	8	9
	7	6/5	1	5	15	9	6	4/17	1	3
7	2	1	4	7	21/11	8	4	3	6
31	5	4	7	6	9	8	2	6
	6	3	1	2	9	1	8

Solution Puzzle 70

		14	12		23	15		25	4
	4	1	3	3	2	1	6/6	5	1
	13/27	4	9	31/12	9	8	5	6	3
15/14	6	9	21/27	3	4	6	1	7	16
14	9	5	21	6	7	8	11/13	4	7
8	5	3	6/16	4	2	14/14	2	3	9
	24/4	7	9	8	13	16	9	7
29	3	4	7	9	6	9/17	5	4	24	4
3	1	2	6	16/7	7	9	20	6/14	5	1
	4	3	1	31	8	4	9	7	3
15	8/27	2	6	13/7	6	5	2	13
13	7	5	1	12/20	4	8	7	1	6
17	8	9	15	10/9	7	1	2	13/22	6	7
	17/10	4	7	1	3	2	8/6	5	3
22	1	2	8	5	6	11	2	9
16	9	7	7	3	4	12	4	8

Solution Puzzle 71

	14	38			18	27		36	13
9	4	5	14	9	5		8	6	2
17	8	9	15/9	7	8		15	8	7
8	2	6	6/13	3	2	1	28	6	5	1
	16/7	3	7	6	15/3	6	9	10/10	7	3
14	1	7	6	19/13	2	7	5	1	4	12
14	6	8	7/14	6	1	26/13	8	9	2	7
	12/44	5	7	13/6	7	6	8/9	3	5
	15/17	6	9	8/20	2	6	8/13	7	1
13	8	5	13/16	9	4	8/7	6	2	33	3
26	9	8	7	2	12/23	5	7	11/12	9	2
	19/24	3	9	1	4	2	7/4	4	2	1
10	6	4	15	8	7	14/6	1	8	5	15
3	1	2		9	5	1	3	5	3	2
16	9	7		3	1	2		10	6	4
17	8	9		9	6	3		17	8	9

Solution Puzzle 72

		9	33			12	29
	15	10/20	1	9		15	7	8
10	1	4	2	3	31	14/4	5	9	26
28	5	9	6	8	11/17	8	3	6/4	1	5
16	9	7	34/10	7	9	2	1	3	4	8
	10	28/3	9	6	8	5	7/24	1	2	4
6	3	2	1	17	9	8	14/6	5	9
8	7	1	6	18	19/27	6	9	4
	27	5	8	4	1	7	2	14	15
	26	18/38	1	9	8		14/16	6	8
16	7	9	4/14	1	3	17	24/21	9	8	7
19	6	5	8	30/14	6	9	8	7	10	16
36	4	3	6	9	5	8	1	6/11	4	2
15	9	6	6/4	5	1	11	3	2	1	5
	11	8	3		29	7	8	5	9
	8	7	1		3	2	1

146

Solution Puzzle 73

		4	12					34	10
	7	5/37 1	4				16	9	7
12	1	6	3	2	10		26	11/4 8	3
15	6	9	13/29 6	7	14/16 7	3	4	24	
	7	4	3	26/14 3	7	2	1	5	8
18/6 5	4	9	14 9	5	16/41 7	9			
11	1	3	2	5	17/17 3	6	1	7	
8	5	2	1	22/6 8	9	5	38		
	13	8	5	13/22 4	9	17 9	8	9	
	21	19/29 8	9	2	15/9 7	2	6		
27	9	5	6	7	16 22 8	4	7	3	
15	7	8	10/16 1	9	6/17 1	2	3		
38	5	6	9	3	7	8	12/13 8	4	7
10/17 1	7	2	11 9	2	6/3 5	1			
10	8	2			19 3	1	9	6	
16	9	7			10 8	2			

Solution Puzzle 74

	28	7				5	15
14/21 8	6	6			10/8 3	7	14
13 6	4	1	2	5	16/16 5	2	1	8
15 8	7	16 4	2	7	3	8/20 2	6
16 7	9	3	12/14 3	9	7/4 2	5
6	7/17 2	5	14 4	1	3	19	15
24 5	2	1	9	7	26/30 3	6	9	8
4 1	3	18 13 4	9	12 4	1	7
4/12 1	3	10 2	8	8 5	3	4
11 3	6	2	8/8 1	7	9 3/14 2	1
27 9	5	7	6	30 6	8	9	4	3
3/24 1	2	6 6/4 1	5	20	22
9/10 4	5	7/15 4	3	13 6 1	5
5 2	3	15/11 8	2	1	4	12/10 3	9
29 8	9	5	7	30 9	6	7	8
14 8	6			13 4	9	

Solution Puzzle 75

		17	17				12	20
13 9	4	8	12 3	9		
28 13/45 8	3	2	25 10 2	8		
14 9	5	9/17 1	6	2	4/14 1	3
30 6	7	8	9	20/26 9	5	6	45	4
24 7	8	9	23/13 9	8	6	11 8	3
9 5	4	24 9	8	6	1	5/16 4	1
4 1	3	11/10 4	7	10/15 2	7	1
17 9	8	10/27 2	8	16/11 9	7	34
11/9 6	2	3	4/10 1	3	13 5	8
8 6	2	24 9	3	4	8	16/9 9	7
4 3	1	11/22 8	1	2	19/22 4	6	9
12/17 3	7	2	22/3 8	5	3	6
3 1	2	7 4	1	2	6/6 2	4
16 7	9		8 2	5	1	
17 9	8		12 7	5		

Solution Puzzle 76

	11	25			8	7	11
14 5	9		7 1	4	2	29
11 3	8	6	35 24 7	3	9	5	21
13 1	3	2	7		13/37 6	7
20 2	5	4	9	16 10/21 4	1	5
11 20 14 5	9	28 4	7	8	9
16 7	9	15/27 8	7	23/4 8	6	9
24 3	8	7	6	20/9 3	9	8	16	23
6 1	3	2	5/11 4	1	22/22 9	5	8
11/27 4	2	5	15/6 2	3	4	6
7/13 2	1	4	4 1	3	16 7	9
23 1	9	8	5	11 5	6	9	27	18
21 9	7	5		21 4	1	7	9
7 3	4	16 17 5	29 7	8	9	5
26 5	9	8	4		11 8	3
17 7	9	1		4 3	1	

Solution Puzzle 77

	5	40			38	5			28	16
12	4	8		7	6	1		13	4	9
7	1	6	30	13/5	9	4	9	8/8	1	7
23/12	4	9	3	7	6/27	1	3	2		
45	4	1	6	2	3	7	8	5	9	15
18	8	3	7	17	8	9		15	7	8
17/4	9	8	13	5	8	5	12/13	5	7	
3	1	2	7	4	8	3	1	4	37	16
13	3	7	2	1	18	22	4	9	2	7
4	9/28	5	3	1	28		10/26	1	9	
5	3	2		11	3	8	14	8	6	14
8	1	7	6	8/13	5	3	24/13	9	7	8
45	5	4	8	9	1	7	2	3	6	
8/6	1	2	5	22/6	5	6	7	4	9	
14	5	9		3	1	2		7	5	2
5	1	4		14	5	9		16	9	7

Solution Puzzle 78

	3	16		6	26		3	15		
10	1	9	10	4	6	4	1	3		
5	2	3	5/28	2	3	9/8	2	7	45	
10	4	6	9/17	8	1	7	5	2	13	
31	27/45	5	6	9	7	3	5/14	1	4	
21	7	4	8	2		23	2	8	4	9
29	5	7	9	8	7	10/20	1	6	3	17
17	8	9	9	1	2	6		6	5	1
14	9	5		6	1	5	28	15	9	6
5	2	3	14	21/7	4	9	8	8/28	6	2
20/10	6	9	5		29	9	8	7	5	
11	3	1	5	2	8	25/29	5	9	8	3
9	7	2	22	22	2	9	6	5	8	
17	8	9	13/16	6	7	7/8	6	1	8	
13	6	7	6	5	1	4	3	1		
16	7	9	15	8	7	11	4	7		

Solution Puzzle 79

	19	9			6	16		18	14	
6/14	4	2	38	4	1	3	16	7	9	
26	5	8	7	6	6/22	5	1	9/30	4	5
16	9	7	15/3	8	7	15	2	8	5	
4	12/16	2	9	1	12	4	6	2		
21	3	9	1	2	6	13/8	6	7	17	8
8	1	7	19/4	4	8	7	22/43	9	7	6
	8/11	3	5	6	1	5	6/5	4	2	
9/13	5	1	3	14	18	9	3	6		
7	5	2	10/17	1	9	6/21	4	2	8	14
13	8	4	1	16/18	5	8	3	6/12	1	5
7/11	3	4	34	4	6	8	7	9		
7	2	4	1	7	2	1	4	24	10	
18/13	1	9	8	15/16	7	8	17/11	9	8	
8	5	3	9	2	7	26	7	9	8	2
13	8	5	12	3	9		9	2	7	

Solution Puzzle 80

	15	20		8	24			6	25	
3	1	2	8/7	1	7		10	4	6	8
34	7	8	6	4	9		10	2	7	1
23	5	6	1	3	8	4	19	15/6	8	7
5	2	3	23	8	18	3	9	2	4	
16	1	8	7	10/17	1	6	3	26	6	
12/13	9	1	2	14/29	4	1	6	3		
9/19	3	6	17	8	9		10	8	2	
4	3	1	6	1	5	4/22	3	1		
9	7	2	20	13/13	6	7	16/5	7	9	
29	9	7	5	8	20/16	8	3	9	33	
17/26	7	1	9	17	2	6	9	30		
28/16	9	8	4	7	11	18	17/4	8	9	
14	9	5	4		30	5	9	3	7	6
12	7	4	1		19	2	6	1	3	7
11	8	3		7	4	3	14	6	8	

Solution Puzzle 81

		26	4	17				33	17	
	11	2	1	8			16/31	7	9	
	8	19/26	7	3	9		22	9	5	8
15	5	1	9	16			16/27	7	9	13
25	2	6	8	9	14	10	2	3	1	4
3	1	2	16/5	7	9	26/23	6	8	3	9
	4/9	3	1	33	5	9	7	4	8	
11	2	5	4	28	12/15	8	4		39	9
16	7	9	30	7	9	6	8	16/16	9	7
		21	5/17	1	4	11	14	7	5	2
	20/9	3	1	6	2	8	17/7	9	8	16
13	1	4	3	5	5	3	2	7/24	4	3
29	8	5	7	9		28	5	9	6	8
	10/5	6	4		8	18/16	6	7	5	
7	4	1	2		10	2	7	1		
3	1	2			23	6	9	8		

Solution Puzzle 82

	10	11		22	21			14	30	
7	1	6	5/30	1	4		16	9	7	16
29	9	5	4	3	8	6	16/7	5	2	9
		20/23	3	2	9	5	1	15/14	8	7
	18/7	6	5	7	15	1	6	5	3	
30	6	7	8	9			3	2	1	11
17	1	9	7			14	21/11	7	5	9
	3	1	2	16	10/13	8	2	6/28	4	2
	8	35/39	1	7	8	6	9	4	21	
13	7	6	14/7	9	5		6	5	1	9
8	1	3	4				23/15	6	9	8
	6	5	1	16	7	14	4	3	6	1
	22/14	7	2	9	4	15/22	3	7	5	
17	8	9	19/12	7	3	6	1	2	11	4
23	6	8	9		26	9	5	1	8	3
	4	1	3		9	7	2	4	3	1

Solution Puzzle 83

		40	29		7	6		26	40	
	10	8	2	4/4	3	1	4/11	3	1	7
	45/4	7	9	1	4	5	3	8	6	2
15	1	5	6	3	12	23/8	8	6	4	5
8	3	1	4	7	1	6	16/6	9	7	15
	14/7	6	8	11/13	4	2	5	17/9	8	9
5	1	4	3	1	2	15	1	3	5	6
15	6	9	14/18	9	5		13/13	4	9	
		7/28	4	3		9/13	7	2	33	16
	14/9	6	8	13	4	3	1	12	3	9
17	3	1	6	7	7/16	2	5	15/25	8	7
8	6	2	22/12	6	9	7	5	1	4	14
	4/5	3	1	8/3	7	1	23/6	9	6	8
11	2	5	3	1	4	12/13	2	3	1	6
45	3	7	6	2	1	5	4	8	9	
		6	4	2	11	3	8	6	4	2

Solution Puzzle 84

	19	24		22	8			45	5	
5	4	1	15	4/16	3	1	11	4	1	3
41	5	2	6	9	8	7	4	6/12	4	2
28	2	4	9	7	6	20/11	7	8	5	
17	8	9	7	12	4	8	6	4	2	6
	13	8	5	4/12	1	3		4/8	3	1
	15	9/45	2	7	7		12	1	6	5
8	7	1	7	5	2	10	15	7	8	4
15	8	7	16	8	5	3	17	8	7	1
	15/9	6	9		16	7	9	12/15	9	3
19	8	4	7		5	15/30	8	7	32	
6	1	5	9	12	3	9	15	8	7	12
	6	2	4	7/12	2	5	16	10/11	8	2
	12/6	3	5	4	33/13	8	9	7	5	4
11	2	9	38	8	9	6	7	4	3	1
12	4	8		6	4	2		14	9	5

Solution Puzzle 85

	11	38		10	21				16	11
8►	1	7	5►	1	4			14/15	9	5
17►	8	9	11►	3	8		16/42	3	7	6
3►	2	1	13/33	4	9	14►	9	5	29	
	14►	5	7	2		23/28	8	6	9	18
6/5►	2	4		23►	8	6	1	5	3	
20►	3	8	9	32	12►	7	5	13►	7	6
19►	2	6	8	3	16/30	9	7	17/24	8	9
	22►	28/14►	5	6	8	4	3	2	40	17
7►	5	2	7►	1	6	26►	4	8	5	9
16►	9	7	13/15	4	9		15►	4	3	8
31►	8	4	3	9	7		16/24►	9	7	
	8►	1	5	2		8/13►	5	1	2	19
	14►	8/7	1	7	15►	8	7	17►	8	9
14►	5	3	6		13►	4	9	9►	6	3
13►	9	4			4►	1	3	16►	9	7

Solution Puzzle 86

	45	21		19	13				18	4
3►	2	1	8►	3	5		6►	5	1	
4►	1	3	17/6	9	8	9►	7/25	4	3	
20►	5	6	2	7	16►	7	3	6	4	
7/11►	4	2	1	12►	11/21	2	5	1	3	
29►	2	6	9	3	4	5	7/9	4	2	1
13►	5	8		29►	8	9	5	7	45	
4►	1	3			22►	7	4	6	5	11
12►	3	9	29►	7	9			10►	8	2
13►	7	3	1	2	11►		4	1	3	
14►	16/24	7	6	1	2	13►	3/15	2	1	
22►	8	5	9	34/8	6	9	4	3	7	5
26►	6	7	8	5		12/12	1	5	6	
	6/3►	1	2	3	26/5►	5	8	4	9	
10►	2	8		8►	2	6	6►	2	4	
4►	1	3		4►	3	1	4►	1	3	

Solution Puzzle 87

	11	25		20	28			15	38	
4►	1	3	15►	8	7		17/17	9	8	
13►	7	6	17►	9	8	17►	8	5	4	
12►	3	9	7/15	3	4	12/4	9	1	2	19
	11►	7	4	10/29	9	1	11►	12►	7	5
	3►	17/14	8	9	7►	3	4	17/22	9	8
19►	1	8	3	7	10►	25►	7	9	3	6
8►	2	6	11/9	5	6	5►	11/29	6	5	
	31/36►	6	8	4	1	5	7	5►	16	
5/10►	4	1	7►	13►	4	9	9/13	2	7	
18►	7	8	2	1	15►	25►	7	6	3	9
5►	2	3	14►	6	8	11/25	8	3	12	
10►	1	9	13►	9/13	7	2	6/24	4	2	19
	8►	1	2	5	14►	6	8	10►	3	7
	18►	6	4	8	16►	9	7	15►	6	9
	12►	5	7		17►	8	9	4►	1	3

Solution Puzzle 88

	7	45					19	6	21	
12►	4	8	6			13/24	7	1	5	
12►	3	4	5		29►	7	8	5	9	23
	3/16►	2	1	14►	7/16	3	4	8►	2	6
8►	7	1	21►	6	7	8		13►	4	9
16►	9	7	18/13	8	9	1	12►	9/9	1	8
	15/10►	6	9	22►	12/17	5	1	6	45	
28►	9	5	4	2	8	17/15	6	3	8	12
4►	1	3	26/17	8	9	6	3	6/14	2	4
24►	9	8	7	32/23	9	2	6	7	8	
10►	21/34	9	5	7	10►	13/9	8	5	10	
11►	4	7		21►	8	6	7	11►	3	8
5►	1	4		7/10	1	4	2	3/10	1	2
14►	5	9	4/14►	1	3		5►	1	4	13
17►	6	5	2	4		22►	9	6	7	
24►	8	9	7				15►	9	6	

Solution Puzzle 89

	14	35		11	11				34	14
12	5	7	4/16	1	3		4	14/15	6	8
32	3	9	7	8	5	18/16	1	7	4	6
45	4	6	9	2	1	5	3	8	7	13
10	2	8	5	9	2	7	9	14	8	6
	7	5	2	5	6	4	2	16/17	9	7
	14	7/21	3	4	4	15	7	8	11	
15	8	7	4	1	3	14	12	9	3	5
11	6	5	6	9	1	8	9	6	2	4
	14	9	5	15	8	6	2	7/5	6	1
	4	8/25	1	7	13	11	7	4	23	
4	3	1	12	8	4	30	9	1	8	18
5	1	4	6	16/14	7	9	22	16/10	7	9
	45/16	9	1	8	2	6	7	3	5	4
28	9	8	5	6	26	8	6	7	2	3
10	7	3			16	7	9	3	1	2

Solution Puzzle 90

	6	35		21	16				8	43
3	1	2	13	9	4		6	5	1	15
14	5	9	5/27	4	1		8	1	3	4
	19	4	2	8	5	3	15/11	2	8	5
	17/8	8	9	16/13	6	2	8	15/10	9	6
11	2	5	3	1	11	1	3	2	5	
30	6	7	8	9	10		12	8	4	14
	15	15/38	5	3	7	17		13	7	6
7	6	1		12	3	9	10	14/32	6	8
13	9	4	8		16	8	3	5	36	5
	6	5	1	14	5	11	1	3	5	2
	27/7	9	7	8	3	20/26	6	7	4	3
4	1	3	17/24	6	2	9	15/24	8	7	
18	4	6	8		30	6	7	9	8	9
19	2	8	9		15	7	8	17	9	8
	9	2	7		13	4	9	4	3	1

Solution Puzzle 91

				4	10				8	16
			3/16	1	2	11		13/28	6	7
	29	20/45	7	3	8	2	18/28	7	2	9
24	8	7	9	14	24/18	8	7	9		
15	9	6	22	6	3	1	8	4	45	
9	7	2	17	8	9	24/10	9	8	7	3
14	5	9	21	9/8	2	3	4	3/13	2	1
	22	1	8	2	4	7	12/10	7	3	2
	13/6	3	4	6	5	9/11	3	1	5	
21	4	8	9	27/24	4	3	7	5	8	11
7	2	5	12/10	6	1	5	16	4	1	3
	16	4	3	9	9/17	2	7	6	4	2
		28	4	8	6	1	9	14/14	9	5
	13	7/14	2	1	4	17	12/9	5	6	1
18	9	8	1	28	7	8	4	9		
10	4	6			14	9	5			

Solution Puzzle 92

	9	44			11	17		23	11
16	7	9		6	16/9	7	9	16	7	9
9	2	7	24/8	5	7	4	8	3/17	1	2
	16	8	5	1	2	5	13/11	9	4	14
	8/27	5	3	5	27/11	1	9	8	3	6
14	8	6	10/12	1	3	4	2	10/6	2	8
23	6	2	3	4	8	3	7/13	1	6	
16	4	3	9	8	15/13	2	8	5	39	27
13	9	4	12/15	2	4	1	5	9/10	2	7
	23/25	8	6	9	11	22/9	9	5	8	
	11/9	4	7	16	16/12	2	6	1	4	3
13	4	9	23/16	7	4	9	3	12/4	3	9
31	5	2	7	9	8	9	11/10	3	8	
	15/11	6	9	7	17/16	5	2	1	9	11
3	2	1	21	2	7	4	8	3	1	2
12	9	3	14	5	9			16	7	9

Solution Puzzle 93

			40	28				10	45	
	14/16	5	9	12	23	7	1	6		
	31/7	4	7	8	9	3	16	7	9	
25	5	2	8	6	3	1	6/12	2	4	3
11	2	3	1	5	12	4	8	5/12	3	2
	16	7	9	3	26/4	6	4	8	7	1
	12/45	6	1	3	2	5	4	1	4	
	17/13	3	4	2	1	7		8	5	3
6	5	1			37	14	17	3/35	2	1
15	8	7	16	35	6	5	9	7	8	
	17/3	8	9	29/15	7	9	8	5	29	
24	2	4	7	6	5		6/29	1	5	4
3	1	2	17/18	9	8	22/7	9	4	8	1
	8	5	3	26	2	1	5	6	9	3
	13	6	7	33	9	6	8	3	7	
	17	9	8			16	7	9		

Solution Puzzle 94

		19	4	37		17	3			
	19	7	3	9	11	9	2	34	12	
	10/26	2	1	7	21/16	8	1	9	3	
	5	4	1	10/16	3	7	28	5	4	1
	39	8	5	7	4	9	6	14/24	8	6
	24/12	5	4	9	6	22/16	9	4	7	2
4	3	1		35	8	7	5	9	6	
3	1	2	19		23	9	8	6	33	19
17	8	6	3	13	5		22	5	9	8
	9/33	5	1	3	33		16	7	9	
	26/13	8	9	4	2	3	12	3/35	1	2
11	1	5	2	3	28/6	5	9	8	6	
9	5	4	24	5	1	7	3	6	2	
13	4	9	13	14/17	5	9	17/15	9	8	
24	3	7	6	8	12	1	6	5		
	16	7	9	24	8	9	7			

Solution Puzzle 95

			30	12			6	44		
		16/6	7	9	14	11	2	9		
		11/23	1	2	3	5	7/10	3	4	
	15/7	1	5	9	11/24	2	3	1	5	15
7	2	5	29	8	9	7	5	15/10	7	8
14	5	9	11/8	4	7	16/21	2	4	3	7
	15	8	7	17/19	8	9	14/16	6	8	11
	4	4/37	1	3	15/21	7	8	6	2	4
10	3	7	27	7	9	5	6	13/10	6	7
6	1	5	14/16	9	5	8/9	2	6	21	
	9/10	2	7	10/19	7	3	9/34	4	5	3
28	8	6	9	5	13/8	4	9	4	3	1
5	2	3	21/9	8	4	2	7	6/15	4	2
	20	9	4	6	1	23/10	8	6	9	
	6	4	2	18	3	2	4	9		
	4	1	3		14	8	6			

Solution Puzzle 96

	19	45				16	13	16		
3	2	1			26	22/23	9	7	6	
11	8	3		27	2	8	7	6	4	12
16	9	7	20	15	9	6		8	3	5
	3/28	2	1	16/17	7	9	9/11	2	7	
33	5	4	7	9	8	6/15	5	1		
28	6	5	9	8	8	9/22	3	6	45	16
10	1	6	3	16/12	2	9	5	6	4	2
17	9	8	29	9	5	8	7	3/21	2	1
16	7	9	8/9	2	1	5	12/4	4	5	3
	4/19	3	1		14/16	3	1	6	4	
	7/17	1	6	27/21	3	1	9	8	6	
11	8	3		5	4	1	16	7	9	24
16	9	7	10	13/9	8	5		16	7	9
	22	2	3	1	9	7		11	3	8
	21	6	7	8				8	1	7

Solution Puzzle 97

	9	36		17	18			28	8
8	7	1	12/14	9	3			4→3	1
25	2	5	9	8	1	16		14→9	5
7/31	2	5	6	5	1		7/22	5	2
12	5	7	14	16/9	9	7	8/14	1	7
11	2	3	5	1	25	8	6	7	4
28	7	4	9	8	21	16/9	7	9	
17	9	8		16	8	2	1	5	36	16
14	8	6	27	15/13	9	6		6	4	2
	12	5	2	4	1	3	12/7	8	4
16/33	9	7	12	20	2	5	7	6	
25	8	6	4	7	11/29	1	2	5	3
12/13	5	7	10	1	9		3/9	2	1
14	5	9		9	4	5	13/7	7	6	16
9	2	7			23	8	1	2	3	9
10	6	4		13	7	6	8	1	7

Solution Puzzle 98

		9	23		14	5	37		
	15/25	7	8		9	6	1	2	30
	9/23	1	2	6	17	23/20	8	4	5	6
17	8	9	21/22	9	8	4		17	8	9
16	6	8	2	15	9	6	15	14	6	8
24	9	7	8	7	14	8	6	16/17	9	7
6	14/16	9	5	26/13	2	8	9	7	
26	4	9	3	2	8	9/10	1	8	13	8
9	2	7	5	6/21	5	1	8	8/11	5	3
	13/29	4	9	32/16	9	7	3	8	5
11/12	3	1	5	2	3	1	2	15	9
6	5	1	10	7	3	10	8	5	1	2
12	4	8		6	5	1	7/17	1	2	4
5	1	4	17	23/14	6	9	8	10/5	7	3
22	2	6	9	5		15	6	4	5
	24	7	8	9		4	3	1	

Solution Puzzle 99

		43	26		5	16		22	11
	4/13	1	3	9	9	2	7	6/14	2	4
30	9	7	6	8	29	3	9	6	4	7
17	4	5	7	1	32	5	11	8	3	20
5	4	1	6	4	2		11	5	6
15/3	6	9	4/5	1	3	10	6/12	1	5
10	2	8	4	1	3	29/25	8	5	7	9
4	1	3	26/23	4	9	5	2	6	36
	15	9	6	13/5	7	6	3/6	1	2	9
	11	25/26	9	3	8	1	4	4	1	3
18	3	5	8	2	5/16	3	2	11/16	5	6
3	2	1		9	7	2	4	1	3
10	6	4	8	17	9	8	6/16	2	4	12
	9/16	8	1	3	10	21	7	3	6	5
32	9	6	7	2	8	30	9	6	8	7
9	7	2	3	1	2		11	4	7

Solution Puzzle 100

	16	31		17	11			10	45
14	9	5	13	9	4		11	3	8	19
13	7	6	10/19	8	2	14	24/16	7	9	8
13/15	7	6	13	5	2	6	6	4	2
19	7	4	8	19	4	3	1	16/10	7	9
28	8	9	5	6	21/11	5	9	1	6
	9	45	11	5	2	4	3	2	1
7	3	4	14	8	6	19	12	7	5	4
14	6	8	15	12	3	9	10	4	3	1
	17	9	8		13/22	7	6	5	2	3
	13	7	6	13/21	9	3	1	9	16	7
11/23	3	1	5	2	18	3	6	4	5
11	9	2	17	9	8	21	6	1	3	2
14	8	6	19/13	7	3	9	8/11	2	6	8
20	6	5	9		8	5	3	6	1	5
	5	1	4		15	7	8	5	2	3

Solution Puzzle 101

		28	13						11	6
3	16/30	9	7	23				4	3	1
20	1	3	8	6	2	4		12/10	7	5
13	2	5	6	10	7	3	6/30	5	1	
6/4	1	5	12/14	5	1	4	2	18	5	
11	3	8	17/28	8	9	21/13	9	3	8	1
20	1	4	9	6	10	3	7	13/27	9	4
17	9	8	32	24/19	9	8	6	1		
28/22	6	3	9	1	2	7	26			
28/12	9	5	8	6		8/5	5	3	6	
11	4	7	13/19	9	4	21/10	1	9	7	4
28	8	6	9	5	6/16	2	4	11/28	9	2
28/24	8	7	9	4	10	6	4	11		
11/14	9	2	8	7	1	18/16	9	2	7	
16	9	7			20	3	7	5	1	4
13	5	8			17	9	8			

Solution Puzzle 102

			21	5					9	16
	16	10	9/9	8	1	23		13/8	4	9
32	7	1	6	9	4	5	15/8	3	5	7
10	3	2	1	4	8	1	2	5	16	14
11	5	4	2		14/13	8	6	17	9	8
4	1	3	6	16/19	7	9		10/9	4	6
	12	14/3	1	7	6	9	11/21	8	3	
17	9	2	5	1	6/3	3	2	1	4	3
4	3	1	17/11	5	2	6	4	4/13	3	1
	12/18	5	6	1	15/13	8	4	1	2	
	14/16	8	6		24/26	8	7	9	26	27
11	7	4		12/16	7	5		6/14	2	4
15	9	6	17/14	9	8		19/21	4	9	6
	11	21/13	8	7	6	28/6	4	7	8	9
22	9	7	6	36	5	4	9	3	7	8
8	2	6		10	2	8				

Solution Puzzle 103

	12	38		22	15		23	40		
16	9	7	12/9	5	7	11	5	6		
4	3	1	21/10	4	9	8	17/16	9	8	
	26	4	9	5	8	20/13	7	8	5	27
4/15	3	1		27/31	7	9	1	4	6	
16	7	9	11	11/16	5	6		16	7	9
31	8	6	5	3	9	21		5	1	4
	33	8	6	9	7	3	23	17	9	8
	24	30	21	4	6	2	9	16	32	
17	9	8		34	4	7	8	9	6	15
9	7	2		31/16	4	6	7	5	9	
5	2	3	25	14/16	9	5		8/11	2	6
30	6	5	3	9	7	21	16/6	9	7	
	19	4	8	7	13/5	7	1	2	3	12
	16	7	9	13	2	6	5	4	1	3
	6	1	5	11	3	8		17	8	9

Solution Puzzle 104

	25	44	14				17	4		
11	1	6	4			12	9	3	18	
24	9	8	7	30		13	8	1	4	16
25	8	5	3	9	8	8	13	5	2	3
16	7	9	28/14	8	4	7	9	14	6	8
21/11	2	5	6	3	1	4	6/8	1	5	
22	2	3	9	7	1	3	9/15	4	5	
16	9	7	9	17	12/12	2	9	1	42	
	40	4	2	8	7	1	6	3	9	7
	15/19	1	9	5	9	25	10/14	6	4	
	13/24	7	6	13	15/6	2	1	5	4	3
14	9	5	31	6	2	1	8	9	5	17
10	8	2	26	7	4	6	9	4/8	1	3
8	7	1	3	11		20	7	1	8	4
	8	4	1	3			20	4	7	9
		10	2	8			6	3	2	1

Solution Puzzle 105

	28	29				6	21		
16	7	9			9/11	2	7	33	4
9	1	8	8	31/11	8	4	9	7	3
17	4	7	1	2	3	7/14	4	2	1
27/23	6	5	7	9	12/6	5	1	6	19
8	6	2	8	14/5	5	9	4	1	3
11	8	3	6/18	3	2	1	16/14	9	7
29	9	5	8	4	3	23/13	6	8	9
6	5/38	4	1	13/4	6	7	31	21	
10	1	3	6	25/15	3	5	1	7	9
9	2	7	10/11	7	1	2	13	6	7
12	3	9	10/21	2	8	3	10	9/29	4	5
23/3	8	6	9	12/8	2	4	5	1	
10	1	6	3	19/16	2	1	6	7	3
24	2	5	4	7	6		17	9	8
	17	8	9			10	8	2	

Solution Puzzle 106

	5	39		11	18		8	16		
13	4	9	3/8	2	1	14/24	5	9	29	
45	1	5	2	9	4	8	3	7	6	14
8	7	1	13	6	7		8	2	6	
13/3	8	5	16	7	9	15	12/13	4	8	
7	1	6	7	11	22/17	9	8	5	5	
6	2	4	29/13	2	3	8	6	5	1	4
	29/32	7	5	8	9		4/6	3	1	
8/4	2	6		10	7	12/4	4	8		
8	3	5	3	10/10	4	3	1	2	24	9
31	1	8	2	7	6	4	3	8	6	2
10/5	6	1	3	23	22		12/16	5	7	
10	3	7		14	9	5	15	8	7	
3	2	1	16	8/7	6	2	4/12	1	3	6
	45	3	9	1	8	6	5	7	2	4
	13	7	6	16	9	7	3	1	2	

Solution Puzzle 107

	45	17		32	14		10	18		
12	4	8	13/17	8	5	8	7	1		
34/13	7	9	8	6	4	6	2	4		
5	4	1	19	9	7	3	3/13	1	2	8
12	9	3	9	12/3	9	2	1	4/14	3	1
18	9	6	1	2	28	4	9	8	7	
13/24	8	3	2		7/5	2	5	45	16	
10	8	2		10/13	4	6	11	5	6	
13	7	6		9/15	8	1		16	7	9
14	9	5	6/11	1	5		8	5/12	4	1
3	16/31	9	7		7/27	1	4	2		
13	1	7	2	3	19/29	1	7	8	3	7
3	2	1	16/6	4	5	7	10	12	8	4
7	6	1	24	7	8	9	4/11	1	3	
12	9	3	21	9	2	1	3	6		
10	8	2	17	8	9	17	8	9		

Solution Puzzle 108

	10	15		28	30		45	15		
3	2	1		9	2	7	8/15	1	7	
12	8	4	26	16	7	9	18	6	4	8
4/8	3	1	7	1	6	16/8	9	7	4	
6	1	2	3	19/16	5	8	6	11/18	8	3
32	7	5	8	9	3	14/11	2	6	5	1
7	28/45	9	7	4	8	5	3	2		
12	6	1	5	9	6	3	15	9	6	6
3	1	2	7		15	42		14/25	9	5
7	5	2	16	9	7	13/8	9	3	1	
5/14	4	1	13/11	6	4	2	1	17	3	
19	5	3	4	7	32/10	9	6	8	7	2
16	9	7	13/16	4	3	6	7	2	4	1
16/6	9	7	4	1	3	6	5	1	7	
18	1	8	9	7	2	5		9	3	6
11	5	6		12	4	8		3	2	1

Solution Puzzle 109

	21	38			16	10			38	15
12	9	3		5	2	3		4	1	3
13	5	8		6/21	5	1	6	17	9	8
16	7	9	27/4	7	9	6	5	11/16	7	4
	11	4	1	6	37	15	1	9	5	
20/10	5	3	8	4	27	9	7	2	6	
16	9	7		7	6	1	7	12/3	8	4
3	1	2	17	26/4	9	5	3	1	6	2
	15	33/34	8	3	7	9	4	2	30	16
29	6	3	9	1	8	2		9	2	7
16	9	7	12	9	3	6	13	13/12	4	9
	16	9	7	6	13	4	1	3	5	
8/23	1	5	2	19	21/8	4	9	8	9	
12	8	4	17	4	3	2	8	4	3	1
8	6	2		8	7	1		3	1	2
17	9	8		14	9	5		13	7	6

Solution Puzzle 110

		3	34		11	23			41	23
	7/14	1	6	16/4	7	9	8			
	31/16	6	2	7	1	4	8	3	37	
14	9	5	11/14	8	3	15	6	5	4	14
27	7	3	8	9			16	15/26	9	6
	9/36	5	4	6	24/11	9	7	3	5	
	8/14	7	1	27/12	5	9	7	2	1	3
14	9	5	7/27	4	1	2	16/3	9	7	16
22	5	3	6	8	4	18/11	1	8	2	7
	15/23	6	9	7/8	1	4	2	15/13	6	9
25	8	2	4	1	3	7	6/23	1	5	
25	6	4	8	7		9	2	7	21	8
17	9	8	5	18		13/3	1	5	4	3
	14	1	4	9	8/13	1	7	14/16	9	5
	38	1	6	9	2	5	7	8		
		7	3	4	17	8	9			

Solution Puzzle 111

		11	45		10	10		19	17
	8/12	5	3		7	3	4	17	8	9
6	3	2	1		3/3	1	2	14/7	6	8
15	9	4	2	20/9	2	6	3	4	5
	12	8/16	5	2	1	3	1	2	15	12
26	4	9	6	7	12	10	8	1	3	4
24	8	7	9	16/4	7	9	9/45	1	8
	13/13	4	3	5	1	3/17	1	2	
	15	6	8	1	17	23/12	8	6	9
9/4	2	7	25	8	5	9	3	10	8
4	3	1	10	16	9	7	9/15	4	2	3
7	1	4	2	14		29/17	9	7	8	5
	6/8	5	1	23/6	9	6	8	19	15
22/10	5	3	4	2	8	23	9	6	8
4	3	1	10	7	3		14	2	5	7
9	7	2	3	2	1		13	5	8

Solution Puzzle 112

	16	30		12	17			41	23
10	7	3	14/13	5	9	21		15	9	6
36	9	5	6	7	8	1	14	16/37	7	9
	15/11	8	7		31	9	5	3	6	8
7	5	2		28/14	8	9	6	5	
8	1	7	10/11	7	3	17	9	8	8
4	3	1	4	1	3		14	8	4	2
6	2	4	10/29	6	4	12/22	4	2	6
	4	9/42	5	4	16/11	9	7	35	20
7	1	4	2	6	1	5	14	5	9
19	3	7	9	12/15	4	8	3	1	2
9	6	3	9/15	3	6		17	9	8
20/17	5	6	8	1		4/4	3	1	
21	1	3	4	7	6	10	11/8	3	8	8
17	9	8		21	5	4	3	1	2	6
16	7	9		11	6	5	9	7	2

Solution Puzzle 113

	17	30			8	23		18	32	
12	8	4		8	1	7	9	8	1	
14	9	5	4	16	7	9	11/15	7	4	6
5	2	3	15	23/20	5	9	3	2	4	
23/9	3	1	7	4	2	6	10/20	8	2	
12	4	8	15	8	7	6	6	1	5	3
6	5	1	34	14	9	5	9/4	5	3	1
11	7	4	12	23	1	3	8	9	2	
11	11/37	7	4	11	5	1	4	29		
26	2	1	6	8	9	22	3	2	1	12
23	9	6	8	11	2	9	12	11	2	9
11/17	2	9	8	16/28	7	9	8/11	5	3	
16	9	7	24/11	1	8	6	3	2	4	
29	8	4	1	7	9	15	17	9	8	6
11	8	3	12	5	7		11	6	5	
16	9	7	14	6	8		4	3	1	

Solution Puzzle 114

	30	22	15	13				41	8
29	5	9	7	8	15		6	1	5
29	1	6	8	5	9	25	5/22	2	3
16/14	9	7		20	6	1	5	8	
16	9	7	26			24	9	8	7	11
20	5	6	9	21	5	27/15	7	9	6	5
29	2	4	5	3	7	8	10	9	1
27	23/44	6	7	2	8	7	5/10	3	2
26	6	4	7	9	17	11/14	2	1	5	3
16	9	7		23/24	9	8	4	2	34
17	8	9	31/8	4	8	6	1	3	9	16
13	4	2	1	6			21	4	8	9
20	6	5	9	12			9/8	2	7
14/16	3	2	5	4	14	6/3	1	5
15	7	8		30	8	9	2	5	6
14	9	5		12	5	1	2	4

Solution Puzzle 115

	37	33			7	8		30	13
6	2	4		4	1	3	15/3	8	7
8	1	7		18/11	4	5	1	2	6
14	9	5	8/16	6	2	9	2	7	21
28/24	6	8	9	5		27	16/17	9	7
26	6	4	9	7		27/25	7	9	3	8
12	7	5			31/16	7	9	8	1	6
16	9	7	13/13	1	9	3		37	24
5	2	3	26	6	7	5	8	6	1	5
22	38	7/15	1	2	4		17	9	8
23	5	3	7	2	6		17	5/33	3	2
26	9	5	8	4		29/15	8	7	5	9
15	8	7	8		22/12	8	9	3	2
14/3	8	6	8/8	1	7	16	9	7
24	1	6	2	7	8		10	6	4
11	2	9	4	1	3		14	8	6

Solution Puzzle 116

	34	7		4	34			31	10
6	5	1	11	3	8	14	13	6	7
15/17	9	6	16	1	9	6	11/9	8	3
16	9	7		16	19/7	4	8	2	5	3
10	8	2	14/31	9	4	1	18	7	9	2
20	3	4	7	1	5	20	4	3	1
17	8	9	10/20	2	7	1	32	5	9
9	16/11	7	9		28	8	9	4	7
11	1	2	5	3		11	5	3	1	2
30	8	9	6	7	32	14/13	6	8	27
5	25	17	1	9	7	15/4	7	8
3	2	1	4	15	4	1	3	5	2	3
6	3	2	1	14/4	8	5	1	8	6	2
11/5	5	3	1	2	6		4/17	3	1
9	1	8	14	3	6	5	9	8	1
13	4	9		4	3	1	16	9	7

Solution Puzzle 117

	13	43			6	28		8	30	
10▶	3	7	4▶	1	3	3/10▶	1	2		
3▶	2	1	33▶	5	7	9	4	8	11	
9▶	1	8	4▶	16/19	6	1	3	4	2	
16▶	7	9	8/24	3	4	1		8▶	7	1
	19	3	6	1	7	2	14	17/33▶	9	8
	14/4	6	8	29▶	8	5	9	7		
12▶	3	5	4		15▶	4	5	6	43	14
7▶	1	4	2	13	34		13▶	2	6	5
		7▶	1	4	2	9	20▶	8	3	9
	10	21/33	3	9	7	2	16/13	9	7	
16▶	7	9		25▶	6	4	9	1	5	20
4▶	1	3	14	8/10	1	3	4	7▶	4	3
30▶	2	8	4	7▶	9	16		14▶	8	6
	22	6	1	3	5	7		8▶	1	7
	16	7▶	9	13▶	4	9		13▶	9	4

Solution Puzzle 118

	13	32		19	4			28	45	
13▶	5	8	8/4	7	1		14/5	5	9	
21▶	4	5	1	8	3	21▶	4	9	8	
15▶	1	7	3	4		11▶	1	6	4	15
12▶	3	9	12		13	16	23▶	8	6	9
	8▶	3	5	11/3	4	7	14	7/7▶	1	6
	15	34/45	7	2	1	9	6	4	5	
11▶	9	2	7	1	6	18/23	8	3	7	8
7▶	6	1	9	3/3	2	1	16	9	2▶	7
	14▶	8	5	1	16/3	9	7	4/16	3	1
	37/14	6	4	2	1	8	9	7	22	
11▶	8	3	16	7	2▶	5	14▶	9	5	25
11▶	6	4	1	4			12	13/15	4	9
	9▶	5	3	1		12/16	1	6	2	3
	14▶	7	4	3	35▶	7	6	9	8	5
	17▶	9	8		14▶	9	5	11▶	3	8

Solution Puzzle 119

	12	9			10	31			17	12
11▶	8	3		13▶	4	9		16/12	9	7
5▶	4	1	11	14/7	6	8	17/4	4	8	5
	14▶	5	3	6	6/11	2	1	3	38	6
	13	41/44	8	1	9	7	3	5	6	2
4▶	1	3	12	7/5	2	5		12/13	8	4
11▶	5	2	3	1	14		17▶	8	9	
28▶	3	7	9	4	5	9	8▶	5	3	28
12▶	4	8	3	17▶	9	8	7	13/3	4	9
	6▶	4	2		17▶	1	3	2	5	6
	7/10	6	1		24	12/16	4	1	2	5
16▶	7	9	15	11/6	2	9	15	9/12	1	8
44▶	3	5	9	2	4	7	6	8	21	
	17	17/5	5	4	8	21/14	9	4	8	11
11▶	8	2	1	8▶	3	5		7▶	4	3
12▶	9	3		16▶	7	9		17▶	9	8

Solution Puzzle 120

	22	14	16					20	8	
19▶	9	3	7		20	9	14/15	8	6	
23▶	8	6	9	16▶	4	1	6	3	2	
6▶	5	1	29	26/9	7	8	9	2	39	
	20▶	4	5	2	9		10/6	6	4	27
	16/41	9	7	25	10/33	2	1	3	4	
	12▶	4	8	21/13	9	8	4	17▶	9	8
	18/14	2	7	5	1	3	16	13▶	7	6
13▶	6	7	28▶	8	4	9	2	15/27	6	9
14▶	5	9		32/11	8	6	9	7	2	
8▶	2	6	18/26	8	3	7	17/4	9	8	
11▶	1	5	2	3		7/8	1	6	12	
	17▶	8	9	12	11/11	1	3	5	2	17
	10/12	1	4	2	3		4/17	1	3	
	34▶	7	6	8	9	4	21▶	9	4	8
	13▶	5	8				19▶	8	5	6

Solution Puzzle 121

		18	9			17	9			
	16/4	9	7		16	12/31	9	3		
9	3	4	2	28/20	9	6	8	5	43	39
3	1	2	13/13	2	7	4	17/17	1	7	9
	11	3	7	1	13	5	8	15	8	7
	43	13/36	6	7	16/12	7	9	9	4	5
6	5	1	16/3	4	3	9		4	3	1
32	8	7	2	6	9			3/16	1	2
7	4	2	1			8	17/22	7	6	4
11	6	5			32/19	3	7	9	5	8
7	3	4		16/13	2	5	9	12/4	9	3
4	1	3	5	4	1	4	3	1	29	
17	9	8	16/23	9	7	13/9	2	3	8	10
22	7	6	9	7/5	4	2	1	11/17	9	2
		23	8	3	5	7	24	9	7	8
		8	6	2		13	8	5		

Solution Puzzle 122

	17	29					8	37	
16	9	7	16	14		4	3	1	
26	8	5	7	6	6	7/11	5	2	16
23/14	6	9	8	12	5	7	10	3	7
7	6	1	16	34	4/17	1	3	15/15	6	9
18	8	2	1	4	3	15/3	1	9	5	8
27	8	4	7	6	2	13/24	6	4	3
22/36	5	6	8	1	2	12/29	7	5
23/12	8	6	9	3	23/11	6	8	9
6	4	2	29/14	8	2	7	3	9	27
21	8	4	9	18/10	1	3	5	7	2	3
8/7	1	5	2	20/8	1	8	5	4	2
7	2	5	13	7	6	7	4/14	3	1
12	5	7	3/13	1	2	8	2	5	1	13
10	6	4			29	5	9	8	7
12	3	9				15	9	6

Solution Puzzle 123

		26	20		6	17		19	27
	16	9	7	14/12	5	9	9/13	1	8
	38	6	9	3	1	8	5	2	4
	21/25	8	4	9		16/22	1	9	6
12/4	9	3	11	12	25	6	3	7	9
11	3	8	6	2	4	12/15	8	4	13	9
8	1	7	25/8	9	8	7	1	16/14	9	7
5	1	4	33	20	8	5	1	4	2
7	4/12	1	3	8	9	2	7	14	
27	6	8	3	9	1	14	11/13	6	5	3
5	1	4	25/25	8	7	6	4	4	3	1
23	10/26	4	6	17	8	9	6/13	4	2
29	8	5	9	7		16	3/9	1	2
18	5	6	7	12	10/9	7	1	2	
42	1	8	5	4	2	9	6	7	
16	9	7	15	8	7	5	2	3	

Solution Puzzle 124

		6	20		24	16		
	8/39	1	7	8	17	8	9	
27/13	6	5	9	7	10/8	3	7	11	26
16	7	9	15/13	4	1	3	7	4/8	1	3
20	6	5	9	17	25/10	5	6	2	3	9
18/14	3	4	9	2	11	19/12	6	5	8
16	9	7	30	8	7	6	9	8/13	2	6
6	5	1	9	15	1	5	3	6	28
15	8	7	14	6	19	8	7	1	11
11	13/26	2	6	1	4	10	15	6	9
4	1	3	22/16	8	5	6	3	7/4	5	2
21	5	9	7	16	23/17	9	7	3	4	9
33	3	6	9	7	8	4	12/23	1	3	8
10	2	8	19/16	3	9	1	6	3/7	2	1
	9	7	2	21	3	9	2	7	
	13	9	4		13	8	5	

Solution Puzzle 125

	8	37			12	33		32	15
15▸7	8	17		16▸9	7	16▸9	7		
12▸1	3	8	16	9▸3	6	9/7▸3	6		
22/20▸6	9	7	21	12▸3	1	6	2		
16▸7	9	15▸9	6	17/6▸9	6	2	17		
5▸3	2	12	17▸7	2	8	9▸1	8		
20▸9	5	6	12/12▸8	4	16/17▸7	9			
16▸1	4	3	8		10/8▸6	4			
5/33▸1	4		4▸3	1	32	27			
3/16▸1	2	10	12/23▸5	2	1	4			
17▸9	8	13/27▸7	6	21▸8	4	9			
10▸7	3	20/5▸8	3	9	4	15▸9	6		
7/19▸2	4	1	9▸8	1	14/17▸6	8			
12▸2	4	1	5	8	19▸3	9	7	6	
15▸9	6	15▸9	6		13▸8	3	2		
17▸8	9	6▸4	2		6▸2	4			

Solution Puzzle 126

				13	23	7	16		
	24	31	28	6	8	5	9	6	16
16/7▸7	9	29/13▸4	6	2	7	1	9		
38▸6	8	5	7	3	9		12▸5	7	
19▸1	9	4	5		7	22	18	3	6
7/23▸6	1	15/5▸4	3	5	1	2			
16/4▸9	7	24/28▸1	3	6	8	2	4		
7▸1	6	13/27▸9	4	4▸1	3	10	12		
27▸3	8	9	7	23/10▸7	2	5	9		
17▸7	15/14▸7	8	8/3▸3	5	4/20▸1	3			
29▸8	6	5	1	2	7	5/24▸1	4		
27▸9	8	6	3	1	15▸8	7	10	17	
17	13		20	21/10▸9	3	1	8		
16▸9	7	14	37/17▸8	2	7	5	6	9	
36▸8	6	5	9	7	1	7▸4	3		
29▸9	8	5	7						

Solution Puzzle 127

	14	4			4	21		16	7
7▸6	1	14	10/39▸1	9	14/11▸9	5			
17▸8	3	6	33/6▸4	3	8	9	7	2	
14	15/45▸8	5	2	6▸4	2	45	24		
9▸1	8	8/14▸1	7	12	8	1	7		
19▸4	6	9	8▸3	5	11▸3	8			
8▸2	1	5	13/16▸6	7	16/17▸7	9			
16▸7	9	17/10▸9	8	42	13/12▸9	4			
44▸4	6	7	9	3	5	8	2	17	
6/24▸2	4	13/8▸6	7	12/9▸8	4				
13▸8	5	12▸7	5	8▸2	5	1			
16▸9	7	9▸1	8	18/15▸7	6	5			
10▸7	3	11	15	10▸4	6	16/6▸9	7		
16	13/14▸7	6	18/7▸7	9	2	14	6		
39▸7	6	4	8	5	9	17▸4	8	5	
17▸9	8	3▸1	2		7▸6	1			

Solution Puzzle 128

	15	9		5	17				29	15
9▸7	2	7/20▸3	4	12	18	15▸8	7			
41▸8	6	9	2	7	4	5	6▸4	2		
4▸1	3	23/7▸6	8	9	9/9▸3	6				
10▸14/11▸8	6	6	18	4	8	6	17			
9▸7	2	3	1	2	19	12	1	2	9	
7▸3	4	13	6	4	2	9	9/7▸1	8		
13▸5	8	14	26/6▸9	8	4	5				
23/34▸4	5	3	8	1	2	22				
16/14▸4	1	9	2	10	10▸1	9	12			
7▸5	2	8	5▸1	4	12	9▸6	3			
21▸9	7	5	21	9▸6	3	16/13▸7	9			
20/12▸8	3	9	17/13▸9	8	19					
6▸5	1	15▸5	9	1	4/10▸1	3	7			
4▸1	3	36▸7	8	5	1	4	9	2		
15▸6	9		16▸7	9	12▸7	5				

Solution Puzzle 129

	14	30			37	9		21	12	
16▸	9	7	16	11	3	2	1	13▸	4	9
14▸	5	4	3	2	17/21	9	8	5/9	2	3
	29	5	4	9	8	3	14/27	8	6	
	17/3	8	9	30▸	9	7	8	1	5	13
4▸	1	3		18▸	4	5	9	11▸	3	8
3▸	2	1	4	22▸	7	4	3	6▸	1	5
	12▸	2	3	7	3/44	1	2	7		
	25▸	1	5	7	6	4	2	28		
	10	34	5	2	3	8	1	5	2	3
13▸	4	9	3	1	2	18		3	1	2
14▸	6	8	12/15	4	5	3		4/15	3	1
	33▸	6	7	3	8	9	5/3	1	4	
	9/5	1	8	31/5	9	6	1	8	7	9
4▸	1	3	10	4	6	14	2	6	5	1
11▸	4	7	5	1	4			14	6	8

Solution Puzzle 130

		6	10	11	12			34	23	
	8	11/8	1	2	5	3		17▸	8	9
39▸	7	4	5	8	6	9	35	14/40	6	8
4▸	1	3	8		16/7	5	1	4	6	
	4	1	3	7	19	2	6	4	7	
	16	8/25	5	3	27/16	5	7	6	9	
17▸	9	8	7/37	4	3	15/20	8	7	26	
21▸	7	5	9	31	7	4	9	5	6	
	17▸	9	8	4/35	1	3	12▸	9	3	8
	31▸	3	6	9	5	8	24/13	8	9	7
		6/25	1	5	12/16	5	7	9/9	8	1
	22▸	2	4	7	9	7	6	1	9	
	16/11	1	2	6	7		12▸	8	4	6
21▸	1	5	7	8	13	12	7	8/15	3	5
10▸	2	8		22	4	5	3	7	2	1
17▸	8	9		28	9	7	4	8		

Solution Puzzle 131

		13	12	41	21		7			
	8	21/23	6	7	8	16	14	8	6	
39▸	4	8	7	5	6	9	4/18	3	1	
9▸	3	6		24/13	5	7	8	4		
10▸	1	9	5/14	4	1	15/10	9	6	22	7
	28/35	5	9	7	6	1	4/13	1	3	
	13/11	4	9	6/6	2	4	17	8	5	4
13▸	8	5	11	2	9	40	7/8	5	2	4
10▸	3	7	13/8	4	3	1	5	8	7	1
	14/4	8	6	10/10	7	3	7/4	4	3	
14▸	3	9	2	4/22	1	3	4/10	1	3	
3▸	1	2	21/30	6	9	2	1	3	9	23
	16	7	9	15/11	6	9	7	1	6	
	27/6	6	7	5	9	3	11/6	3	8	
	11▸	2	9	34	6	8	2	4	5	9
	12▸	4	8		7	4	1	2		

Solution Puzzle 132

		6	30			32	23			
	3▸	1	2		7	45	14▸	8	6	
	12▸	3	9	10/3	2	8	16▸	7	9	
	17▸	2	7	1	4	3	13/16	5	8	
	4	29/39	8	2	1	9	5	4	37	
7▸	1	2	4	17	30/45	7	8	6	9	11
12▸	3	9	35/6	8	7	1	3	2	5	9
	29	7	5	9	6	2		3/15	1	2
	4/12	3	1	14▸	8	6	16/3	9	7	
13▸	5	8	26	25/15	9	5	2	6	3	4
40▸	7	6	9	8	5	4	1	11/25	8	3
	13▸	4	2	6	1	9	8/4	3	4	1
		24/9	7	1	2	6	3	5	12	
	3▸	2	1	22	4	2	1	7	8	
	4▸	1	3	4	3	1	4▸	1	3	
	10▸	6	4			10▸	9	1		

Solution Puzzle 133

	3	33		8	5			28	23
3	1	2	4/14	3	1			17▸9	8
27	2	7	9	5	4	11	4	15	6	9
4	3	1		4	3	1	9/27	3	6
12/15	8	4	34	17/17	8	3	4	2	
12	8	4	16/9	7	9		14/27	6	8
33	7	9	6	3	8	13/8	4	9	4	15
9	12/13	3	9	28/6	1	7	8	3	9
5	1	4	21/19	8	1	7	5	7/7	1	6
32	8	9	4	6	5	14/14	8	6	22	7
8/32	7	1	20	8	2	1	4	5
10	8	2	9	7/14	6	1	3/22	1	2
20/23	3	6	2	9		16	9	7
17	8	9	12	7	5	14	11/7	8	3	4
16	9	7			25	9	6	5	2	3
11	6	5			6	5	1	6	5	1

Solution Puzzle 134

		40	3		9	6		23	13
4/5	3	1	11/5	6	5	7/29	1	6
10	1	7	2	22/13	2	3	1	5	4	7
13	4	9	11/15	8	3	13/12	8	5
20	8	7	5	13	20/9	8	9	3	5
12/10	4	8	26	9	3	4	7	2	1
3	2	1	5	4	1	9	12/14	8	4
14	8	6	11	3	18	5	7	6	37
11	2	8	1	11	11	2	8	1	10
9	6/34	3	2	1	3	6	4	2
4	1	3	14	6/7	4	2	11/13	3	8
26	8	4	2	5	6	1	15/12	6	9
17	7	8	2	20/11	8	7	5	13
7/8	6	1	12	13/15	9	4	6/12	2	4
21	1	5	3	4	6	2	23	8	6	9
16	7	9	17	8	9	11	4	7

Solution Puzzle 135

	45	30		16	8			21	10
14/16	8	6	15/17	9	6	25	4	3	1
37	9	1	4	6	7	2	8	14/3	5	9
17	7	5	3	2	9	3	2	4	7
19	2	8	9	20/22	6	1	8	5
16/6	7	9	14/12	9	5	3/8	1	2
4	1	3	11	3	5	1	2	45
8	2	6	32	9	8	2	6	7	21
12	3	9	13	37	20	10	16	9	7
19	4	5	3	6	1	14	5	9
9	29/29	8	7	5	9	6/30	1	5
14	5	9	17/16	8	9	17/24	9	8
20	4	1	9	6	22	9	7	6	14
21/6	5	7	9	16	19/17	7	1	3	8
13	5	8	41	4	7	9	8	5	2	6
7	1	6	17	9	8	12	8	4

Solution Puzzle 136

	9	3		20	32		34	14
3/15	2	1	12	16	7	9	10/7	1	9
20	9	6	2	3	20/3	8	2	1	4	5
7	6	1	23/6	1	2	5	8	4	3
11/22	2	8	1	16/5	6	2	8	4
9/10	5	4	8/11	1	7	10	7	3
11	3	8	13/11	9	4	3/10	2	1
16	7	9	9/11	7	2	10/14	1	9
11/28	7	4	14/8	5	9	15	10
11/14	7	4	10/15	1	9	17	8	9
9	5	4	16/24	9	7	4/10	3	1
15	9	6	10/17	4	6	12	13/9	9	4
10	1	7	2	7/24	4	2	1	21	4
29/17	2	4	5	7	8	3	8/16	7	1
35	8	5	6	7	9	20	4	7	6	3
12	9	3	14	6	8	17	9	8

Solution Puzzle 137

	35	9			6	14			
13/7 ▸ 5	8		13/16	4	9		38	16	
6 ▸ 2	3	1	8/8 ▸ 1	2	5	10/14 ▸ 3	7		
8 ▸ 1	7	3 ▸ 1	2		21/16 ▸ 4	8	9		
12 ▸ 4	8	11/21 ▸ 5	6	17 ▸ 9	2	6			
13 ▸ 6	1	2	4	24/16 ▸ 7	8	9	5		
6 ▸ 4	2	8 ▸ 3	5	4 ▸ 6/26	5	1			
10 ▸ 2	8	4 ▸ 20/21	3	1	5	7	4		
6/38 34 ▸ 6	1	7	8	3	9	38			
23 ▸ 1	9	4	3	6	32	15 ▸ 8	7		
12 ▸ 5	7	22 ▸ 14/14	8	6	3/16 ▸ 1	2			
21 ▸ 5	7	9	17 ▸ 8	1	3	5	7		
14/10 ▸ 3	6	5	16 ▸ 9	7	10 ▸ 9	1			
16 ▸ 1	6	9	9 ▸ 10/17	2	8	3/13 ▸ 1	2		
17 ▸ 9	8	17 ▸ 2	8	7	21 ▸ 9	8	4		
		16 ▸ 7	9		10 ▸ 4	6			

Solution Puzzle 138

	11	17			7	11		45	17
13 ▸ 5	8	11	7/17 ▸ 3	4	16/14 ▸ 7	9			
23 ▸ 6	9	8	34/17 ▸ 1	4	7	5	9	8	
17 ▸ 14/16 ▸ 3	9	2	13	15 ▸ 9	6	10			
16 ▸ 9	7	19/11 ▸ 8	5	6		12 ▸ 5	7		
21 ▸ 8	9	4	16/13 ▸ 9	7	9 ▸ 4/3	1	3		
12/45 ▸ 5	7		13/8 ▸ 3	2	8	14			
9/14 ▸ 1	2	6	23/5 ▸ 5	6	1	3	8		
8 ▸ 5	3	10 ▸ 7/15	4	3	11 ▸ 10/23	4	6		
22 ▸ 9	4	2	6	1	14 ▸ 4	8	2		
23/12 ▸ 6	8	9	3	16/27 ▸ 7	9	14	4		
13 ▸ 5	8		10 ▸ 1	9	15/15 ▸ 6	8	1		
16 ▸ 7	9	12	15 ▸ 2	5	8	9/14 ▸ 6	3		
13/4 ▸ 5	8	4 ▸ 18/13	6	7	5	10	7		
23 ▸ 3	2	4	1	6	7	23 ▸ 9	8	6	
8 ▸ 1	7	10 ▸ 3	7		3 ▸ 2	1			

Solution Puzzle 139

	22	11		14	8		23	6	
12 ▸ 9	3	6/15 ▸ 5	1	13 ▸ 9	4				
33 ▸ 8	5	4	9	7	8/7 ▸ 6	2	14	16	
8 ▸ 5	2	1	12/14 ▸ 4	8	15 ▸ 8	7			
4 ▸ 1	3	9/18 ▸ 6	3	20 ▸ 13/21	4	9			
9 ▸ 13/16	7	5	1	10 ▸ 7	1	2			
4 ▸ 1	3	16/31 ▸ 9	7	14/8 ▸ 9	5				
26 ▸ 5	9	8	4	7/13 ▸ 1	4	2	17	19	
13 ▸ 3	4	6	12/23 ▸ 5	7	22/6 ▸ 6	7	9		
24 ▸ 7	9	8	25/23 ▸ 1	7	9	8			
17/22 ▸ 9	8	11 ▸ 8	3	3/27 ▸ 1	2				
14/7 ▸ 7	1	6	17/11 ▸ 6	2	9	26			
14 ▸ 5	9	12/9 ▸ 3	9	17 ▸ 8	9	23			
8 ▸ 2	6	12/8 ▸ 4	8	12 ▸ 22/4	7	6	9		
9 ▸ 7	2	21 ▸ 7	1	3	4	6			
4 ▸ 1	3	8 ▸ 5	3	15 ▸ 7	8				

Solution Puzzle 140

	40	10		38	15		36	8	
6/13 ▸ 4	2	4	11 ▸ 8	3	6 ▸ 4	2			
22 ▸ 9	6	4	3	9 ▸ 4	5	14/9 ▸ 8	6		
10 ▸ 4	2	3	1	13/7 ▸ 1	7	2	3		
4/6 ▸ 3	1	4 ▸ 1	3	12 ▸ 7	5	12			
9 ▸ 1	8	20	11 ▸ 6	5	29	15 ▸ 7	8		
22 ▸ 5	9	8	22	11 ▸ 2	9	13 ▸ 9	4		
15 ▸ 7	5	3	16/44 ▸ 9	7	8	41			
42 ▸ 1	7	2	4	6	8	5	9		
5 ▸ 30	16 ▸ 9	7	8 ▸ 5	1	2	11			
4 ▸ 3	1	13 ▸ 8	5	5 ▸ 17	2	6	9		
8 ▸ 2	6	10	4 ▸ 3	1	3/24 ▸ 1	2			
17 ▸ 9	8	10/21 ▸ 6	4	16/17 ▸ 9	7	4			
24/4 ▸ 7	2	6	9	16 ▸ 8	4	3	1		
8 ▸ 3	5	10 ▸ 8	2	23 ▸ 9	6	5	3		
3 ▸ 1	2	15 ▸ 7	8		13 ▸ 5	8			

Solution Puzzle 141

		20	6				21	29		
	6/37	5	1				17	9	8	
20	6	9	5	8	21	6/11	5	1	23	
7/17	1	6	34/8	3	9	5	7	4	6	
17	8	9	18	6	4	7	1	17	9	8
7	4	3	11/6	2	1	5	3	16/5	7	9
16	5	7	4	3	9	3	2	1	37	10
11/12	5	2	1	3	4	20/14	4	7	9	
6	4	2	18/12	2	6	1	9	3/7	2	1
17	8	4	5	28	14	3	5	2	4	10
23	16/24	7	9	17	8	10/9	5	1	4	
16	9	7	28	8	9	4	7	6	5	1
8	6	2	15/8	5	7	1	2	11/20	6	5
24	8	4	2	6	1	3	14/14	5	9	
	13	8	5			16	5	8	3	
	4	3	1			16	9	7		

Solution Puzzle 142

	16	33		13	16				39	42
9	7	2	12	5	7	8		4	3	1
16	9	7	17/8	1	9	7	10	6	2	4
	19	9	3	7	4	1	3	11/8	4	7
	13/6	8	5			28	4	7	8	9
4	1	3			9	17/6	2	1	9	5
9	5	4	6	6/11	3	2	1	15	7	8
	36	15/44	2	3	6	4	14	3/10	1	2
24	5	7	4	8	5	27/11	9	7	5	6
16	7	9	11/23	1	2	5	3		27	15
3	1	2	18/7	5	4	9		10	3	7
16	6	5	2	3				15/15	7	8
28	8	6	5	9	13		7/20	6	1	
7	4	3	10	6	4	22/7	7	9	6	6
11	3	8		23	9	6	8	10	8	2
6	2	4			6	1	5	6	2	4

Solution Puzzle 143

	16	29		24	3			16	36	
13	9	4	4	3	1	12	13/4	7	6	
10	7	3	31/15	6	2	7	3	9	4	16
	21	8	6	7	6/13	5	1	8/9	1	7
	24/3	2	9	8	5	14	22	5	8	9
6	1	5		13	8	5	13/18	4	9	14
3	2	1	3		7	2	5	14	5	9
	8	6	2	8	9/21	3	6	8/7	3	5
	7	23/36	1	2	6	4	7	3	32	
14	6	8	4	1	3		13	4	9	12
4	1	3	13/6	5	8	7		17	8	9
	5/6	1	4	9	4	5	20	4/6	1	3
14	5	7	2	13	11/5	2	5	1	3	
10	1	9	9/5	5	4	18/4	9	5	4	12
	24	6	4	8	1	3	2	6	2	4
	3	2	1		5	1	4	13	5	8

Solution Puzzle 144

	5	29		24	10			44	3	
4	1	3	17	17	8	9	6	3	2	1
14	4	2	8	7/9	2	1	4	11/23	9	2
	17/4	1	9	2	5	11	2	5	4	
11	3	8	16/14	7	9		8	3	5	28
14	1	9	4			22/14	9	6	7	
	9	6	3	24		14/13	1	6	3	4
12	16/38	7	9	10/4	8	2	17	8	9	
5	1	4	15	6	1	5	3	15/14	7	8
3	2	1	5/27	2	3	10	8	2	36	
26	6	8	5	7			16	9	7	9
14	3	5	6			26	10/8	3	5	2
	16	9	7	10	14	8	6	16/14	9	7
	19/14	3	9	7	17/5	7	2	5	3	15
7	5	2	6	3	1	2	19	9	4	6
15	9	6		13	4	9		17	8	9

Solution Puzzle 145

Solution Puzzle 146

Solution Puzzle 147

Solution Puzzle 148

Solution Puzzle 149

	21	38			27	19		24	12
12 ▸7	5		14 / 15/24 ▸7	8		4 ▸1	3		
7 ▸6	1	27 ▸5	7	9	6	16/15 ▸7	9		
14 ▸8	6	38/6 ▸9	8	3	5	7	6		
9 ▸8	1	17/6	9	8	10 ▸8	2	13		
10/8 ▸4	5	1	27	9	12/9 ▸3	9			
4 ▸1	3	13 ▸5	8	13/10 ▸1	3	5	4		
16 ▸7	9	12	18 ▸7	1	8	2	43		
6 ▸2	4	12/13 ▸9	3	12 ▸4	8	9			
4 ▸22/25	6	9	3	4	10 ▸4	1	3		
14 ▸3	5	2	4	5 ▸2	3	15/5 ▸9	6		
3 ▸1	2	10	22 ▸17/21	7	4	6			
4 ▸1	3	7/23 ▸2	5	4/5 ▸1	3	19			
37/3 ▸8	7	6	4	9	3	16 ▸7	9		
8 ▸2	6	26 ▸8	9	7	2	8 ▸5	3		
4 ▸1	3	16 ▸9	7			11 ▸4	7		

Solution Puzzle 150

			31	26		3	21		12	5
	3/12 ▸1	2	11/17 ▸2	9	12/7 ▸9	3				
45 ▸5	6	7	9	1	8	4	3	2		
24/15 ▸2	5	9	8	6 ▸4	2	32				
28 ▸9	4	7	8		3 ▸1	2	17			
15 ▸6	1	8	8		13 ▸14/8	5	9			
7 ▸11/24	4	7	22 ▸28/18	6	5	9	8			
8 ▸6	2	34 ▸1	9	8	7	3	6	3		
4 ▸1	3	17 ▸13/14	6	7	15 ▸9	7	2			
37/5 ▸4	8	6	7	3	9	4/33 ▸3	1			
24 ▸2	5	9	8	7 ▸6	1	18	3			
4 ▸3	1	18			15/13 ▸7	6	2			
14 ▸9	5	16	12/5 ▸2	6	3	1				
8 ▸17/13	9	8	14/3 ▸2	3	8	1				
45 ▸2	6	4	5	1	3	7	9	8		
13 ▸6	7	5 ▸3	2	3 ▸1	2